新世纪应用型高等教育电子信息类课程规划教材

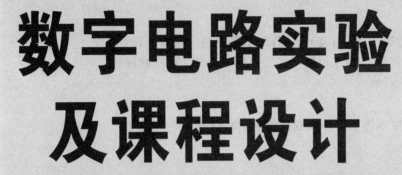

数字电路实验及课程设计

Shuzi Dianlu Shiyan Ji Kecheng Sheji

新世纪应用型高等教育教材编审委员会　组编

主编　李维

副主编　王启林　李鹏

大连理工大学出版社

图书在版编目(CIP)数据

数字电路实验及课程设计 / 李维主编 . —大连 ：
大连理工大学出版社,2014.8(2015.7重印)
新世纪应用型高等教育电子信息类课程规划教材
ISBN 978-7-5611-9412-6

Ⅰ.①数… Ⅱ.①李… Ⅲ.①数字电路—实验—高等
学校—教材 ②数字电路—课程设计—高等学校—教材
Ⅳ.①TN79

中国版本图书馆 CIP 数据核字(2014)第 177006 号

大连理工大学出版社出版

地址:大连市软件园路 80 号　邮政编码:116023
发行:0411-84708842　邮购:0411-84708943　传真:0411-84701466
E-mail:dutp@dutp.cn　URL:http://www.dutp.cn
大连理工印刷有限公司印刷　　大连理工大学出版社发行

幅面尺寸:185mm×260mm　　印张:12　　字数:276 千字
印数:1001～3000
2014 年 8 月第 1 版　　　　2015 年 7 月第 2 次印刷

责任编辑:王晓历　　　　　　　　责任校对:秦　翠
封面设计:张　莹

ISBN 978-7-5611-9412-6　　　　　　定　价:28.00 元

前　言

　　《数字电路实验及课程设计》是新世纪应用型高等教育教材编审委员会组编的电子信息类课程规划教材之一。

　　随着科学技术的迅速发展，社会对理工类本科生的要求进一步提高，不仅需要其掌握基本理论知识，而且还要具有基本实验技能和创新能力。通过实验不仅可以巩固和加深学生对理论知识的理解，而且还可以培养学生独立分析问题、解决问题的能力和严谨的工作作风，为日后工作打下良好的基础。

　　本教材第一章为数字电路验证性实验，包含 11 个实验。实验内容涵盖了教学基本要求规定的主要内容，并有所拓宽和加深，每个实验都做到了对理论知识的加深理解和验证。第二章为数字电路设计性实验，包含 11 个实验。编者根据多年的教学实践，总结出学生在学习数字电路课程时是按照"认识→理解→综合运用"这一过程进行的，为了更好地理解基本知识，最好是选择一些基本电路让学生自己设计，为此在设计这一章时选择了最基本的电路设计。第三章为数字电路课程设计，包含 11 个课题。本章内容具有通用性、趣味性和实用性，每个课题均提供参考电路及简要说明。最后是附录部分，介绍电子器件的识别、实验装置的结构和使用方法。

　　本教材由大连工业大学李维任主编，大连工业大学王启林、李鹏任副主编。大连工业大学牟俊、王佳参与了编写。

　　本教材在编写的过程中,得到了大连工业大学领导和同仁的大力支持,在此表示诚挚的感谢!

　　由于编者水平有限,书中难免有错误和不妥之处,恳请广大读者批评指正!

编　者

2014 年 8 月

所有意见和建议请发往:dutpbk@163.com

欢迎访问教材服务网站:http://www.dutpbook.com

联系电话:0411-84708462　84708445

目 录

第一章　数字电路验证性实验 ……………………………………………… 1

验证性实验一　TTL 集成逻辑门的逻辑功能测试 ……………………… 1

验证性实验二　CMOS 集成逻辑门的逻辑功能与参数测试 …………… 6

验证性实验三　集成逻辑电路的连接和驱动 …………………………… 9

验证性实验四　半加器与全加器 ………………………………………… 13

验证性实验五　译码器及其应用 ………………………………………… 16

验证性实验六　触发器 …………………………………………………… 19

验证性实验七　计数器 …………………………………………………… 23

验证性实验八　寄存器和移位寄存器 …………………………………… 27

验证性实验九　自激多谐振荡器 ………………………………………… 31

验证性实验十　单稳态触发器与施密特触发器 ………………………… 34

验证性实验十一　555 定时器及其应用 ………………………………… 40

第二章　数字电路设计性实验 ……………………………………………… 43

设计性实验一　组合逻辑电路的设计 …………………………………… 43

设计性实验二　数据选择器及其应用 …………………………………… 44

设计性实验三　任意进制计数器 ………………………………………… 47

设计性实验四　移位寄存器的应用 ……………………………………… 48

设计性实验五　电子表计数、译码显示电路 …………………………… 49

设计性实验六　自拟题目设计电路 ……………………………………… 51

设计性实验七　智力竞赛抢答装置 ……………………………………… 52

设计性实验八　电子秒表 ………………………………………………… 54

设计性实验九　数字频率计 ……………………………………………… 59

设计性实验十　拔河游戏机 ……………………………………………… 65

设计性实验十一　随机存取存储器 2114A 及其应用 ………………… 69

第三章　数字电路课程设计 ……………………………………………… 78

　概　述　电子技术基础课程设计的相关知识 ……………………………… 78

　课题一　数字电子钟逻辑电路设计 ……………………………………… 92

　课题二　智力竞赛抢答计时器的设计 …………………………………… 97

　课题三　数字电压表的设计、组装与调试 ……………………………… 103

　课题四　数字脉搏测试仪的设计 ………………………………………… 111

　课题五　交通信号灯控制逻辑电路设计 ………………………………… 123

　课题六　数字频率计逻辑电路设计 ……………………………………… 128

　课题七　定时控制器逻辑电路设计 ……………………………………… 134

　课题八　循环彩灯控制电路设计 ………………………………………… 138

　课题九　脉冲按键电话显示逻辑电路设计 ……………………………… 148

　课题十　双路防盗报警器的设计 ………………………………………… 153

　课题十一　数字式温度测量电路设计 …………………………………… 159

附　录 ……………………………………………………………………… 173

　附录一　KHD-2 型数字电路实验装置 ………………………………… 173

　附录二　集成逻辑门电路新、旧图形符号对照表 ……………………… 176

　附录三　集成触发器新、旧图形符号对照表 …………………………… 177

　附录四　部分集成电路引脚图 …………………………………………… 178

第一章 数字电路验证性实验

验证性实验一 TTL集成逻辑门的逻辑功能测试

一、实验目的
1. 掌握各种 TTL 集成逻辑门的逻辑功能及测试方法。
2. 掌握 TTL 器件的使用规则。
3. 进一步熟悉数字电路实验装置及使用方法。

二、实验准备
1. 复习 TTL 集成逻辑门的工作原理。
2. 熟悉实验用各个集成逻辑门的引脚功能。
3. 画出实验用测试电路及数据记录表格。
4. 了解 TTL 集成逻辑门的使用规则。

三、实验设备及元器件
1. 数字电路实验台。
2. 器件:74LS20,74LS51,74LS86,74LS00 等。
3. 万用表。

四、实验原理
逻辑门就是实现各种逻辑关系的电路,因其内部组成不同,分为 TTL 型(晶体管-晶体管逻辑)和 MOS 型(半导体金属氧化物)。这两类门电路在使用中有各自的特点,但其逻辑符号和完成的逻辑功能是相同的。就 TTL 集成逻辑门电路而言,因其内部结构的特点(输出阻抗低、负载能力强、开关速度高等)而被广泛使用。

五、实验内容
1. "与非门"逻辑功能测试

在数字电路实验箱上选一片四输入与非门 74LS20,按图 1.1.1 接线。门的四个输入端分别接逻辑电平开关的输出插口,以提供"0"与"1"电平信号,开关向上为逻辑"1",向下为逻辑"0"。门的输出端接由 LED 发光二极管组成的逻辑电平显示器的输入插口,LED 亮为逻辑"1",不亮为逻辑"0"。四输入与非门 74LS20 有 16 个测试项,只对其中五项 1111、0111、1011、1101、1110 进行检测,就可判断其逻辑功能是否正常。依照表 1.1.1 测试与非门的逻辑功能。

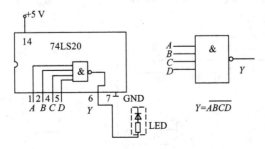

图 1.1.1 与非门 74LS20 的引脚图、逻辑符号图

表 1.1.1　　　　　　　　　　　与非门真值表

输　入				输　出
A	B	C	D	Y
1	1	1	1	0
0	1	1	1	1
1	0	1	1	1
1	1	0	1	1
1	1	1	0	1

2. "与或非门"逻辑功能测试

在数字电路实验台上选一片与或非门 74LS51。图 1.1.2 为其引脚图和图形符号。按照图 1.1.2 接线,门的四个输入端分别接到逻辑电平开关的输出插口上,输出端 Y 接逻辑电平显示器的输入插口。拨动逻辑电平开关,逐项测试并记入表 1.1.2 中,判断其是否符合逻辑关系。

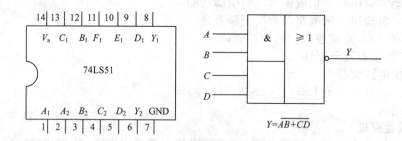

图 1.1.2　与或非门 74LS51 的引脚图、图形符号

表 1.1.2　　　　　　　　　　　与或非门真值表

A	B	C	D	Y
0	0	0	0	
0	0	0	1	
1	1	0	0	
1	1	1	1	

3. "异或门"逻辑功能测试

在数字电路实验台上选一片异或门 74LS86,图 1.1.3 为其引脚图和图形符号。按照图 1.1.3 接线。门的两个输入端接到逻辑电平开关的输出插口上,输出端接逻辑电平显示器的输入插口,拨动逻辑电平开关,根据 LED 发光二极管亮与灭,检测异或门的逻辑功能,将结果记录在表 1.1.3 中。

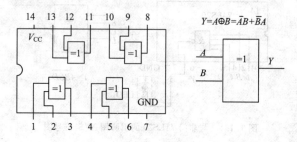

图 1.1.3　异或门 74LS86 引脚图、图形符号

表 1.1.3	异或门真值表(1)	
A	B	Y
0	0	
0	1	
1	0	
1	1	

4.利用与非门组成其他逻辑门电路

在数字电路实验台上备选器件中选择四 2 输入与非门 74LS00 一片。

(1)与门电路

用 74LS00 中任意两个与非门组成图 1.1.4 所示的与门电路,输入端接逻辑电平开关,输出端接指示灯 LED。拨动逻辑电平开关,观察指示灯的亮与灭,测试其逻辑功能,结果填入表 1.1.4 中。

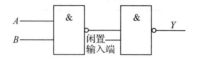

图 1.1.4　与门电路连接图

表 1.1.4	与门真值表	
A	B	Y
0	0	
0	1	
1	0	
1	1	

(2)或门电路

在数字电路实验台上备选件 74LS00 中任选三个与非门按照图 1.1.5 连接线路,组成或门电路。测试方法参照 4(1),测试结果记入表 1.1.5 中。

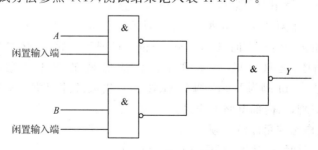

图 1.1.5　或门电路连接图

表 1.1.5	或门真值表	
A	B	Y
0	0	
0	1	
1	0	
1	1	

（3）异或门电路

将 74LS00 中四个与非门按照图 1.1.6 连接线路组成异或门电路。测试方法同上，测试结果记入表 1.1.6 中。

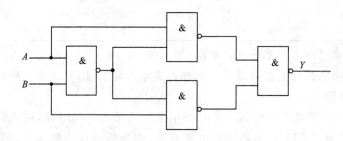

图 1.1.6　异或门电路连接图

表 1.1.6　　　　　　　异或门真值表（2）

A	B	Y
0	0	
0	1	
1	0	
1	1	

六、实验报告要求

1. 整理实验数据并对其进行分析总结。

2. 与非门用不到的输入端应如何处理？

3. 或非门用不到的输入端应如何处理？

4. TTL 逻辑门的主要缺点是什么？

七、集成电路引脚标识说明

数字电路实验中所用到的集成芯片都是双列直插式的，其引脚排列规则如图 1.1.1 所示。识别方法是：正对集成电路型号（如 74LS20）或看标记（左边的缺口或小圆点标记），从左下角开始按逆时针方向以 1,2,3……依次排列到最后一脚（在左上角）。在标准形 TTL 集成电路中，电源端 V_{cc} 一般排在左上端，接地端 GND 一般排在右下端。如 74LS20 为 14 脚芯片，14 脚为 V_{cc}，7 脚为 GND。若集成芯片引脚上的功能标号为 NC，则表示该引脚为空脚，与内部电路不连接。

八、TTL 集成电路使用注意事项

1. 接插集成芯片时，要认清定位标记，不得插反。

2. 电源电压使用范围为 $+4.5$ V～$+5.5$ V，实验中要求使用 $V_{cc}=+5$ V。电源极性绝对不允许接错。

3. 与非门闲置输入端处理方法

（1）悬空，相当于正逻辑"1"，对于一般小规模集成电路的数据输入端，实验时允许悬空处理。但易受外界干扰，导致电路的逻辑功能不正常。因此，对于具有接有长线的输入端的中规模以上的集成电路和使用集成电路较多的复杂电路来说，所有控制输入端必须按逻辑要求接入电路，不允许悬空。

(2)直接接电源电压 V_{CC}（也可以串入一只 $1\sim10\ k\Omega$ 的固定电阻）或接至某一固定电压（$+2.4\ V\leqslant V\leqslant+4.5\ V$）的电源上，或与输入端接地的多余与非门的输出端相接。

(3)若前级驱动能力允许，则可以与使用的输入端并联。

4.输入端通过电阻接地，阻值的大小将直接影响电路所处的状态。当 $R\leqslant680\ \Omega$ 时，输入端相当于逻辑"0"；当 $R\geqslant4.7\ k\Omega$ 时，输入端相当于逻辑"1"。对于不同系列的器件，要求的阻值不同。

5.输出端不允许并联使用[集电极开路门（OC 门）和三态输出门（3S 门）电路除外]。否则不仅会使电路逻辑功能混乱，还会导致器件损坏。

6.输出端不允许直接接地或直接接 $+5\ V$ 电源，否则将损坏器件，有时为了使后级电路获得较高的输出电平，允许输出端通过电阻 R 接至 V_{CC}，一般取 $R=3\sim5.1\ k\Omega$。

验证性实验二　　CMOS 集成逻辑门的
逻辑功能与参数测试

一、实验目的

1. 掌握各种 CMOS 集成逻辑门的逻辑功能及测试方法。
2. 学会 CMOS 集成逻辑门的使用规则。

二、实验准备

1. 复习 CMOS 集成逻辑门的工作原理。
2. 熟悉各实验用集成逻辑门引脚的功能。
3. 画出各实验内容的测试电路与数据记录表格。
4. CMOS 电路的闲置输入端如何处理？

三、实验设备及元器件

1. 数字电路实验台。
2. 万用表。
3. 双踪示波器。
4. 元器件：CC4011，CC4001，CC4071，CC4081，电位器 100 kΩ，电阻 1 kΩ。

四、实验原理

1. CMOS 集成电路是将 N 沟道 MOS 晶体管和 P 沟道 MOS 晶体管同时用于一个集成电路中，使其成为具有两种沟道 MOS 管性能的更优良的集成电路。CMOS 集成电路的主要优点是：

(1) 功耗低，其静态工作电流在 10^{-9} A 数量级，是目前所有数字集成电路中最低的，而 TTL 器件的功耗则大得多。

(2) 高输入阻抗，通常大于 10^{10} Ω，远高于 TTL 器件的输入阻抗。

(3) 接近理想的传输特性，输出高电平可在电源电压的 99.9% 以上，输出低电平可在电源电压的 0.1% 以下，因此输出逻辑电平的摆幅很大，噪声容限很高。

(4) 电源电压范围广，可在 +3 V～+18 V 正常运行。

(5) 由于有很高的输入阻抗，要求驱动电流很小，约 0.1 μA，输出电流在 +5 V 电源下约为 500 μA，远小于 TTL 电路，如以此电流来驱动同类门电路，其扇出系数将非常大。一般在低频率时，无须考虑扇出系数，但在高频率时，后级门的输入电容将成为主要负载，使其扇出能力下降，所以在较高频率工作时，CMOS 电路的扇出系数一般取 10～20。

2. CMOS 门电路逻辑功能

尽管 CMOS 与 TTL 电路的内部结构不同，但它们的逻辑功能完全一样。本实验将测定与门 CC4081、或门 CC4071、与非门 CC4011、或非门 CC4001 的逻辑功能。各集成块的逻辑功能与真值表请参阅相关教材及有关资料。

五、实验内容

1. 验证各 CMOS 电路的逻辑功能,判断其好坏

验证与非门 CC4011、与门 CC4081、或门 CC4071 及或非门 CC4001 的逻辑功能,其引脚见附录 4。

以与非门 CC4011 为例:测试时,选好某一个 14P 插座,插入被测器件,其输入端 A、B 接逻辑电平开关的输出插口,其输出端 Y 接逻辑电平显示器的输入插口,拨动逻辑电平开关,测试逻辑功能(图 1.2.1),并记入表 1.2.1 中。

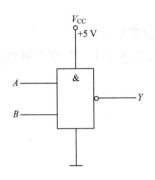

图 1.2.1 与非门逻辑功能测试

表 1.2.1 与非门真值表

输 入		输 出
A	B	Y
0	0	
0	1	
1	0	
1	1	

2. 观察与非门、与门、或非门对脉冲的控制作用

将与非门按图 1.2.2(a)、(b)接线,将一个输入端接连续脉冲源(频率为 20 kHz),用示波器观察两种电路的输出波形,并记录。

然后测定与门和或非门对连续脉冲的控制作用。

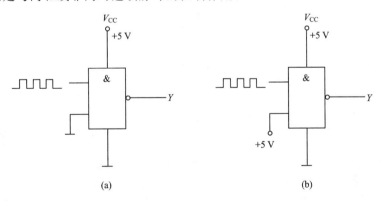

(a)   (b)

图 1.2.2 与非门对脉冲的控制作用

六、实验报告要求

1. 整理实验数据,写出各门电路的逻辑表达式,并判断被测电路的功能好坏。

2. 根据实验内容 2,分别画出其中两种电路的输出、输入波形。

七、CMOS 电路的使用规则

由于 CMOS 电路有很高的输入阻抗,这给使用者带来一定的麻烦,即外来的干扰信号很容易在一些悬空的输入端上感应到很高的电压,以至损坏器件。CMOS 电路的使用规则如下:

（1）V_{DD}接电源正极，V_{SS}接电源负极（通常接地⊥），不得接反。CC4000 系列的电源允许电压在＋3 V～＋18 V 范围内选择，实验中一般要求使用＋5 V～＋15 V 电源。

（2）所有输入端一律不准悬空。闲置输入端的处理方法：

①按照逻辑要求，直接接 V_{DD}（与非门）或 V_{SS}（或非门）。

②在工作频率不高的电路中，允许输入端并联使用。

（3）输出端不允许直接与 V_{DD} 或 V_{SS} 连接，否则将导致器件损坏。

（4）在装接电路，改变电路连接或插、拔电路时，均应切断电源，严禁带电操作。

（5）焊接、测试和储存时的注意事项：

①电路应存放在导电的容器内，采取良好的静电屏蔽措施。

②焊接时必须切断电源，电烙铁外壳必须良好接地，或拔下电烙铁的电源插头，靠其余热焊接。

③所有的测试仪器必须良好接地。

验证性实验三　集成逻辑电路的连接和驱动

一、实验目的

1. 掌握 TTL、CMOS 集成逻辑电路中输入电路与输出电路的性质。

2. 掌握集成逻辑电路相互连接时应遵守的规则和实际连接方法。

二、实验准备

1. 自拟各实验记录用的数据表格及逻辑电平记录表格。

2. 熟悉所用集成电路的引脚功能。

三、实验设备及元器件

1. 数字电路实验台。

2. 万用表。

3. 元器件：与非门 74LS00×2，或非门 CC4001，与非门 74HC00；电阻：100 Ω，470 Ω，3 kΩ；电位器：47 kΩ，10 kΩ，4.7 kΩ。

四、实验原理

1. TTL 电路输入/输出电路性质

当输入端为高电平时，输入电流是反向二极管的漏电流，电流极小。其方向是从外部流入输入端。

当输入端为低电平时，电流由电源 V_{CC} 经内部电路流出输入端，电流较大，当与前级电路连接时，将决定前级电路应具有的负载能力。高电平输出电压在负载不大时为 3.5 V 左右。低电平输出时，允许后级电路灌入电流，随着灌入电流值的增加，低电平输出电压将升高，一般 LS 系列 TTL 电路允许灌入 8 mA 电流，即可吸收后级 20 个 LS 系列标准门的灌入电流。最大允许低电平输出电压为 0.4 V。

2. CMOS 电路输入/输出电路性质

一般 CC 系列 CMOS 电路的输入阻抗可高达 10^{10} Ω，输入电容在 5 pF 以下，高电平输入电压通常要求在 3.5 V 以上，低电平输入电压通常在 1.5 V 以下。因 CMOS 电路的输出结构具有对称性，故对高、低电平具有相同的输出能力，负载能力较弱，仅可驱动少量的 CMOS 电路。当输出端负载很少时，高电平输出电压将十分接近电源电压，低电平输出电压将十分接近地电位。

在高速 CMOS 电路 54/74HC 系列中的一个子系列 54/74HCT，其输入电平与 TTL 电路完全相同，因此在相互取代时，不需考虑电平的匹配问题。

3. 集成逻辑电路的连接

在实际的数字电路系统中总是将一定数量的集成逻辑电路按需要前后连接起来。这时，前级电路的输出端将与后级电路的输入端相连并驱动后级电路工作。这就存在着电平配合和负载能力这两个需要妥善解决的问题。

可用下列几个表达式来说明连接时所要满足的条件：

$$V_{OH}(前级) \geqslant V_{iH}(后级)$$

$$V_{OL}(前级) \leqslant V_{iL}(后级)$$

$$I_{OH}(前级) \geqslant n \times I_{iH}(后级)$$

$$I_{OL}(前级) \geqslant n \times I_{iL}(后级) \qquad n \text{ 为后级门的数目}$$

（1）TTL 电路与 TTL 电路的连接

TTL 电路的所有系列，由于电路结构形式相同，电平配合比较方便，不需要外接元件可直接连接，不足之处是受低电平时负载能力的限制。表 1.3.1 列出了 74 系列 TTL 电路的扇出系数。

表 1.3.1　　　　74 系列 TTL 电路的扇出系数

	74LS00	74ALS00	7400	74L00	74S00
74LS00	20	40	5	40	5
74ALS00	20	40	5	40	5
7400	40	80	10	40	10
74L00	10	20	2	20	1
74S00	50	100	12	100	12

（2）TTL 电路驱动 CMOS 电路

TTL 电路驱动 CMOS 电路时，由于 CMOS 电路的输入阻抗高，故此驱动电流一般不会受到限制，但在电平配合问题上，低电平是可以的，高电平时有困难，因为 TTL 电路在满载时，高电平输出电压通常低于 CMOS 电路对高电平输入电压的要求，所以为保证 TTL 输出高电平时后级的 CMOS 电路能可靠工作，通常要外接一个上拉电阻 R，如图 1.3.1所示，使高电平输出电压在 3.5 V 以上，R 的取值为 2 kΩ～6.2 kΩ 较合适，这时 TTL 后级的 CMOS 电路的数目实际上是没有什么限制的。

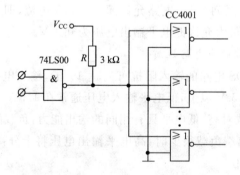

图 1.3.1　TTL 电路驱动 CMOS 电路

（3）CMOS 电路驱动 TTL 电路

图 1.3.2 为与非门 74LS00 和或非门 CC4001 电路引脚图，CMOS 的输出电平能满足 TTL 对输入电平的要求，而驱动电流将受限制，主要表现为低电平时的负载能力。表 1.3.2 列出了一般 CMOS 电路驱动 TTL 电路时的扇出系数，从表中可见，除了 74HC 系列外的其他 CMOS 电路驱动 TTL 电路的能力都较低。

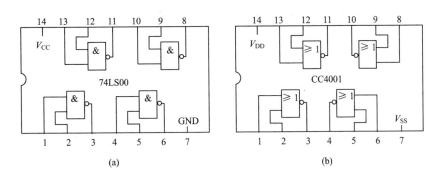

图 1.3.2　74LS00 与非门与 CC4001 或非门电路引脚排列

表 1.3.2　一般 CMOS 电路驱动 TTL 电路时的扇出系数

	LS-TTL	L-TTL	TTL	ASL-TTL
CC4001B 系列	1	2	0	2
MC14001B 系列	1	2	0	2
MM74HC 及 74HCT 系列	10	20	2	20

如果使用此系列时需要提高其驱动能力,可采用如下两种方法:

①采用 CMOS 驱动器,如 CC4049、CC4050 是专为提供较大驱动能力而设计的 CMOS 电路。

②几个同功能的 CMOS 电路并联使用,即将其输入端并联,输出端并联(TTL 电路是不允许并联的)。

(4)CMOS 电路与 CMOS 电路的连接

CMOS 电路之间的连接十分方便,不需另加外接元件。对直流参数来讲,一个 CMOS 电路可带动的 CMOS 电路数量是不受限制的,但在实际使用时,应当考虑后级门输入电容对前级门的传输速度的影响,电容太大时,传输速度会下降,因此在高速使用时要从负载电容来考虑,例如 CC4000T 系列。CMOS 电路在 10 MHz 以上速度使用时应限制在 20 个门以下。

五、实验内容

1.测试 TTL 电路 74LS00 及 CMOS 电路 CC4001 的输出特性

测试电路如图 1.3.3 所示,图中以与非门 74LS00 为例画出了高、低电平两种输出状态下输出特性的测试方法。改变电位器 R_W 的阻值,从而获得输出特性曲线,R 为限流电阻。

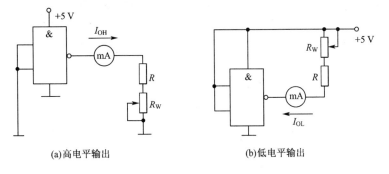

(a)高电平输出　　　　　　　　　　(b)低电平输出

图 1.3.3　与非门电路输出特性测试电路

（1）测试 TTL 电路 74LS00 的输出特性

在实验装置的合适位置选取一个 14P 插座。插入 74LS00，R 取 100 Ω。高电平输出时，R_w 取 47 kΩ；低电平输出时，R_w 取 10 kΩ。高电平测试时，应测量空载到最小允许高电平（2.7 V）之间的一系列点；低电平测试时，应测量空载到最大允许低电平（0.4 V）之间的一系列点。

（2）测试 CMOS 电路 CC4001 的输出特性

测试时 R 取 470 Ω，R_w 取 4.7 kΩ。

在实验装置的合适位置选取一个 14P 插座。插入 CC4001，高电平测试时，应测量从空载到输出电平降到 4.6 V 之间的一系列点；低电平测试时，应测量从空载到输出电平升到 0.4 V 之间的一系列点。

2. TTL 电路驱动 CMOS 电路

用 74LS00 的一个门来驱动 CC4001 的四个门，实验电路如图 1.3.1 所示，R 取 3 kΩ。分别测量连接 3 kΩ 与不连接 3 kΩ 电阻时 74LS00 输出的高、低电平。测试 CC4001 的逻辑功能时，可用实验装置上的逻辑笔进行测试，逻辑笔的电源 V_{cc} 接 ＋5 V，其输入口 1NPVT 通过一根导线接至所需的测试点。

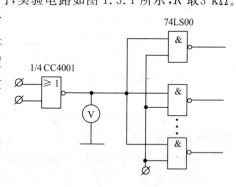

图 1.3.4　CMOS 电路驱动 TTL 电路

3. CMOS 电路驱动 TTL 电路

电路如图 1.3.4 所示，被驱动的电路用 74LS00 的八个门并联。

电路的输入端接逻辑电平开关的输出插口，八个输出端分别接逻辑电平显示器的输入插口。

先用 CC4001 的一个门来驱动，观测 CC4001 的输出电平和 74LS00 的逻辑功能。然后将 CC4001 的其余三个门，一个个并联到第一个门上（输入端与输入端、输出端与输出端分别并联），分别观察 CMOS 的输出电平及 74LS00 的逻辑功能。最后用 1/4 74HC00 代替 1/4 CC4001，测试其输出电平及系统的逻辑功能。

六、实验报告要求

1. 整理实验数据，画出输出特性曲线，并加以分析。

2. 通过本次实验，你针对不同集成逻辑电路的连接可得出什么结论？

验证性实验四　半加器与全加器

一、实验目的

1.熟练掌握由逻辑门电路组成的半加器、全加器。

2.测试全加器电路。

3.明确二进制运算规律。

二、实验准备

1.复习组合逻辑电路的分析和设计方法。

2.复习加法运算和减法运算的逻辑电路。

3.预习二进制的运算规律。

三、实验设备及元器件

1.数字电路实验台。

2.器件：与非门 74LS00，异或门 74LS86，与非门 74LS51，全加法器 74LS83。

四、实验原理

算术运算是数字系统的基本功能，是计算中不可缺少的组成单元。半加器和全加器是其最基本的单元，是完成 1 位二进制数相加的一种组合逻辑电路。半加器只考虑两个加数本身，没有考虑由低位来的进位，所以称为"半加"。全加器能进行加数、被加数和低位来的进位相加，并根据求和结果给出该位的进位信号。

五、实验内容

1.由与非门组成的半加器

在数字电路实验台上的备选件中任选两片 74LS00。用五个与非门组成如图 1.4.1 所示的半加器电路。A_i 为被加数，B_i 为加数，分别接到逻辑电平开关的输出插口上。根据表 1.4.1 进行测试，结果填入表中。

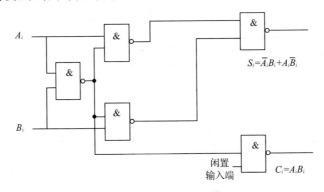

图 1.4.1　由与非门组成的半加器

表 1.4.1　　　　　　　　半加器真值表(1)

被加数 A_i	加数 B_i	和数 S_i	进位 C_i
0	0		
0	1		
1	0		
1	1		

2. 由异或门组成的半加器

在数字电路实验台上的备选件中选择一片 74LS86、一片 74LS00 构成如图 1.4.2 所示的半加器电路。被加数 A_i 和加数 B_i 接至逻辑电平开关的输出插口上。按照表 1.4.2 进行测试,结果填入表中。

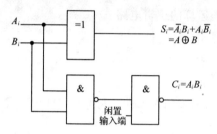

图 1.4.2　由异或门组成的半加器

表 1.4.2　　　　　　　　半加器真值表(2)

被加数 A_i	加数 B_i	和数 S_i	进位 C_i
0	0		
0	1		
1	0		
1	1		

3. 由异或门、与非门组成的全加器

在数字电路实验台上的备选件中选择一片 74LS86、一片 74LS51 及一片 74LS00 组成图 1.4.3 所示的全加器电路。加数 A_i、被加数 B_i、低位进位 C_{i-1} 分别接至逻辑电平开关的输出插口上,按照表 1.4.3 进行测试,并将结果填入表中。

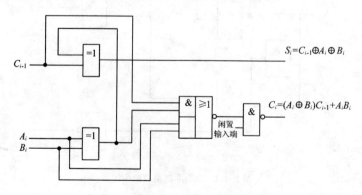

图 1.4.3　由异或门、与非门组成的全加器

表 1.4.3		全加器真值表		
加数 A_i	被加数 B_i	低位进位 C_{i-1}	和数 S_i	高位进位 C_i
0	0	0		
0	0	1		
0	1	0		
0	1	1		
1	0	0		
1	0	1		
1	1	0		
1	1	1		

4.全加器功能测试

74LS83 是四位二进制全加器,图 1.4.4 为其引脚排列和内部逻辑结构,利用此器件可组成加法器和减法器。$S_1 \sim S_4$ 和 C_4 分别接指示灯拨动开关,使被加数和加数分别为不同值时观察输出及进位情况,结果填入表 1.4.4 中。

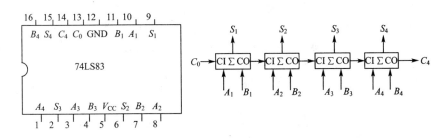

图 1.4.4　74LS83 引脚排列和内部逻辑结构

表 1.4.4								四位全加器真值表				
低位进位	被加数				加　数				和			高位进位
C_0	A_4	A_3	A_2	A_1	B_4	B_3	B_2	B_1	S_4	S_3	S_2 S_1	C_4
0	0	0	0	0	0	0	0	0				
0	1	0	1	0	0	1	0	1				
0	1	1	0	0	1	1	0	0				
0	1	1	1	1	1	1	1	1				
1	0	0	0	0	0	0	0	0				
1	1	0	1	0	0	1	0	1				
1	1	1	0	0	1	1	0	0				
1	1	1	1	1	1	1	1	1				

六、实验报告要求

1.整理实验数据并画出逻辑图。

2.用异或门组成半减器,写出逻辑关系式并画出逻辑电路。

3.自选器件设计一个全减器,写出逻辑关系式,画出逻辑电路及真值表。

验证性实验五　译码器及其应用

一、实验目的
1. 掌握中规模集成译码器的逻辑功能和使用方法。
2. 熟悉数码管的使用。

二、实验准备
1. 复习有关译码器和分配器的原理。
2. 根据实验任务,画出所需的实验电路及记录表格。

三、实验设备及元器件
1. 数字电路实验台。
2. 元器件:译码器 74LS138×2,驱动器 CC4511。

四、实验原理
译码器是一个多输入、多输出的组合逻辑电路。它的作用是把给定的代码进行"翻译",变成相应的状态,使输出通道中相应的一路有信号输出。译码器在数字系统中有广泛的用途,不仅用于代码转换、终端数字显示,还用于数据分配、存储器寻址和组合控制信号等。不同的功能可选用不同种类的译码器。

译码器可分为通用译码器和显示译码器两大类。前者又分为变量译码器和代码变换译码器。

1. 变量译码器(又称二进制译码器),用以表示输入变量的状态,如 2 线-4 线、3 线-8 线和 4 线-16 线译码器。若有 n 个输入变量,则有 2^n 个不同的组合状态,就有 2^n 个输出端供其使用。而每一个输出所代表的函数对应于 n 个输入变量的最小项。

以 3 线-8 线译码器 74LS138 为例进行分析,图 1.5.1(a)、(b)分别为其内部逻辑结构及引脚排列。

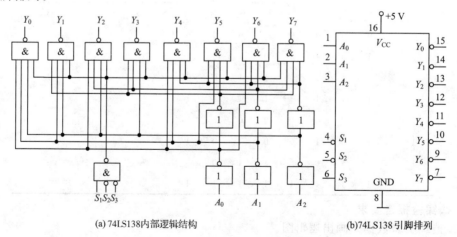

(a) 74LS138内部逻辑结构　　　　　　　　(b)74LS138引脚排列

图 1.5.1　74LS138 内部逻辑结构及引脚排列

其中 A_2,A_1,A_0 为地址输入端,$Y_7 \sim Y_0$ 为译码输出端,S_1,S_2,S_3 为使能端。表 1.5.1 为 74LS138 功能表。

当 $S_1=1$,$S_2+S_3=0$ 时,74LS138 正常工作,地址码所指定的输出端有信号(为 0)输出,其他所有输出端均无信号(全为 1)输出。当 $S_1=0$,$S_2+S_3=\times$ 时或 $S_1=\times$,S_2+S_3 $=1$ 时,译码器被禁止,所有输出同时为 1。

表 1.5.1　　　　　　　　　　3 线-8 线译码器 74LS138 功能表

输　入					输　出							
S_1	S_2+S_3	A_2	A_1	A_0	Y_0	Y_1	Y_2	Y_3	Y_4	Y_5	Y_6	Y_7
1	0	0	0	0	0	1	1	1	1	1	1	1
1	0	0	0	1	1	0	1	1	1	1	1	1
1	0	0	1	0	1	1	0	1	1	1	1	1
1	0	0	1	1	1	1	1	0	1	1	1	1
1	0	1	0	0	1	1	1	1	0	1	1	1
1	0	1	0	1	1	1	1	1	1	0	1	1
1	0	1	1	0	1	1	1	1	1	1	0	1
1	0	1	1	1	1	1	1	1	1	1	1	0
0	$\times$	$\times$	$\times$	$\times$	1	1	1	1	1	1	1	1
$\times$	1	$\times$	$\times$	$\times$	1	1	1	1	1	1	1	1

2. 二进制译码器实际上也是负脉冲输出的脉冲分配器。若利用使能端中的一个输入端输入数据信息,器件就成为一个数据分配器(又称多路分配器),如图 1.5.2 所示。若在 S_1 端输入数据信息,令 $S_2=S_3=0$,则地址码所对应的输出是 S_1 端数据信息的反码;若从 S_2 端输入数据信息,令 $S_1=1$、$S_3=0$,则地址码所对应的输出是 S_2 端数据信息的原码。若数据信息是时钟脉冲,则数据分配器便成为时钟脉冲分配器。

根据输入地址的不同组合译出唯一地址,故可用作地址译码器。接成多路分配器,可将一个信号源的数据信息传输到不同的地点。

3. 二进制译码器还能方便地实现逻辑函数,如图 1.5.3 所示,实现的逻辑函数是

$$Z=\overline{A}\ \overline{B}\ \overline{C}+\overline{A}B\ \overline{C}+A\overline{B}\ \overline{C}+ABC$$

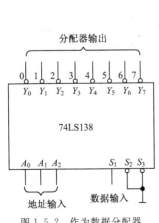

图 1.5.2　作为数据分配器

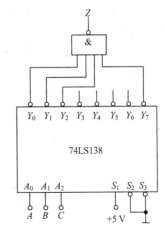

图 1.5.3　实现逻辑函数

4.利用使能端能方便地将两个 3 线-8 线译码器组合成一个 4 线-16 线译码器,如图 1.5.4 所示。

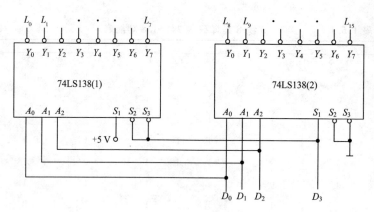

图 1.5.4　用两片 74LS138 组合成 4 线-16 线译码器

五、实验内容

1.74LS138 译码器逻辑功能测试

将译码器使能端 S_1,S_2,S_3 及地址端 A_2,A_1,A_0 分别接至逻辑电平开关的输出插口,八个输出端 $Y_0 \cdots Y_7$ 依次连接在逻辑电平显示器的八个输入插口上,拨动逻辑电平开关,按表 1.5.1 逐项测试 74LS138 的逻辑功能。

2.用 74LS138 构成时序脉冲分配器

参照图 1.5.2 和实验原理说明,时钟脉冲 CP 频率约为 10 kHz,要求分配器的输出信号 $Y_0 \cdots Y_7$ 与输入信号 CP 同相。

画出分配器的实验电路,用示波器观察和记录在地址端 A_2,A_1,A_0 分别取 $000 \sim 111$ 八种不同状态时输出端 $Y_0 \cdots Y_7$ 的输出波形,注意输出波形与输入波形 CP 之间的相位关系。

3.组合译码器

用两片 74LS138 组合成一个 4 线-16 线译码器,参照图 1.5.4 接线,并进行实验。

六、实验报告要求

1.画出实验电路,把观察到的波形画在坐标纸上,并标上对应的地址码。

2.对实验结果进行分析、讨论。

3.何种译码器可以作为数据分配用? 为什么?

验证性实验六　触发器

一、实验目的

1.掌握基本 RS、JK、D 和 T 触发器的逻辑功能及测试方法。

2.熟悉触发器 Q^{n+1} 与 Q^n 输出之间的关系。

二、实验准备

1.预习有关触发器的内容。

2.列出各触发器功能测试表格。

三、实验设备及元器件

1.数字电路实验台。

2.元器件：74LS00,74LS112,74LS74。

3.双踪示波器。

四、实验原理

触发器是具有记忆功能的二进制信息存储器件,是构成时序电路的基本单元。按电路结构分为基本 RS 触发器、同步触发器、主从触发器和边沿触发器。从触发翻转方式上看,除基本 RS 触发器属于电平触发外,其他均为脉冲触发、上升沿或下降沿触发。

五、实验内容

1.基本 RS 触发器

在数字电路实验台上选 74LS00 中的两个与非门组成基本 RS 触发器或者直接选用 74LS279 中任一个 RS 触发器,电路连接及图形符号如图 1.6.1 所示。R 端、S 端分别接至逻辑电平开关的输出插口上。Q,$\overline{Q}$ 分别与指示灯相连。拨动开关变换电平按表 1.6.1 进行测试,将结果填入表中。

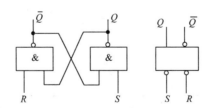

图 1.6.1　与非门组成基本 RS 触发器

表 1.6.1　　基本 RS 触发器功能表

输　入		输　出		状　态
S	R	Q	$\overline{Q}$	
0	1			
1	0			
1	1			
0	0			

2. JK 触发器

选择边沿双 JK 触发器 74LS112，R_D、S_D、J、K 端分别连接逻辑电平开关，CP 接单脉冲，Q、$\overline{Q}$ 分别接指示灯，进行如下测试：

(1) R_D，S_D 的置数、清零功能

按照图 1.6.2 接线，使 CP，J，K 为任意态，转换 R_D，S_D 的状态，按表 1.6.2 要求进行测试。

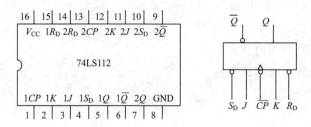

图 1.6.2　74LS112 双 JK 触发器引脚排列及图形符号

表 1.6.2　　　　　置数和清零功能表

R_D	S_D	Q	$\overline{Q}$
0	1		
1	0		

(2) 测试 JK 触发器的逻辑功能

使 R_D，S_D 处于"1"状态，按表 1.6.3 要求改变 J，K，$\overline{CP}$ 的状态，观察 Q 状态变化，记录于表中。

表 1.6.3　　　　　JK 触发器功能表

J	K	Q^n	$\overline{CP}$	Q^{n+1}
0	0	0	↓	
0	0	1	↓	
0	1	0	↓	
0	1	1	↓	
1	0	0	↓	
1	0	1	↓	
1	1	0	↓	
1	1	1	↓	

(3) 构成 T 触发器

将 J、K 端连在一起，处于"1"状态，在 CP 端加脉冲。通过指示灯的亮与灭观察 Q 端的变化，观察 CP、Q 端波形。注意相位关系，绘出 Q_{JK} 的波形。

CP

Q_{JK}

3. D 触发器

选择双 D 触发器 74LS74，按图 1.6.3 接线，R_D，S_D 分别接逻辑电平开关的输出插口，CP 接单脉冲，Q 端接指示灯，进行如下测试：

（1）R_D，S_D 的置数、清零功能

测试方法同实验内容 2(1)，自拟表格记录。

（2）测试 D 触发器的逻辑功能

使 R_D，S_D 处于"1"状态，按表 1.6.4 要求进行测试，观察触发状态翻转是否在脉冲 CP 的上升沿，数据记录于表中。

（3）构成 T 触发器

将 D 触发器的 $\overline{Q}$ 端与 D 相连接，构成 T 触发器，用双踪示波器观察 CP、Q 端波形。注意相位关系，绘出 Q_D 的波形。

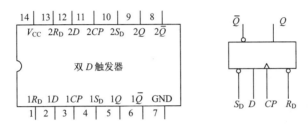

图 1.6.3　74LS74 双 D 触发器引脚排列及逻辑符号

表 1.6.4　　　　　D 触发器功能表

D	Q^n	CP	Q^{n+1}
0	0	↑	
0	1	↑	
1	0	↑	
1	1	↑	

Q_D

4. 双向时钟脉冲电路

用 JK 触发器及与非门构成双向时钟脉冲电路，如图 1.6.4 所示，用双踪示波器观察波形，并绘出 CP_A、CP_B 的波形。

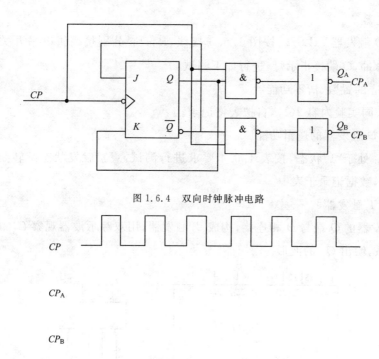

图 1.6.4　双向时钟脉冲电路

CP

CP_A

CP_B

六、实验报告要求

1. 列表整理各类触发器的逻辑功能。

2. 总结观测到的波形，说明各触发器的触发方式。

3. 根据实验内容 4 说明 CP、CP_A、CP_B 波形频率、相位之间的关系。

验证性实验七 计数器

一、实验目的

1.学习用触发器构成计数器的方法。

2.学习集成计数器的使用及测试方法。

3.进一步理解和掌握二进制和十进制计数器的组成。

二、实验准备

1.复习计数器有关内容。

2.熟悉二进制计数器的工作原理。

3.复习集成计数器74LS192。

三、实验仪器及元器件

1.数字电路实验台。

2.元器件:74LS160,74LS74,74LS192,74LS00。

3.双踪示波器。

四、实验原理

计数器是简单而常用的时序逻辑器件,在计算机和其他数字系统中不仅用于统计输入的时钟脉冲的个数,还用于分频、定时、产生节拍脉冲等。计数器的种类很多,按时钟脉冲输入方式的不同,分为同步计数器和异步计数器;按进位体制的不同,分为二进制、十进制和任意进制计数器;按计数的增减趋势又可分为加法、减法和可逆计数器。

五、实验内容

1.二进制异步加/减计数器

选择 2 片 74LS74,用四个 D 触发器构成四位二进制异步加法计数器,如图 1.7.1 所示;其中 R_D 清"零"端接逻辑电平开关,CP_1 接单次脉冲源,$Q_1 \sim Q_4$ 分别接指示灯。

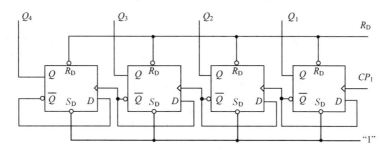

图 1.7.1 二进制异步加法计数器

(1)清"零"后,R_D,S_D 各接高电平"1",从 CP_1 逐个送入单次脉冲,观察并列表 1.7.1,记录 $Q_4 \sim Q_1$ 状态。

表 1.7.1 　二进制异步加/减计数器状态表

输 出	时钟脉冲 CP 的个数															
	0	1	2	3	4	5	6	7	8	9	10	11	12	13	14	15
Q_1																
Q_2																
Q_3																
Q_4																

(2)将 CP_1 改接 1 Hz 连续脉冲源,观察 $Q_4 \sim Q_1$ 的状态。

(3)改变连续脉冲频率为 1 kHz,用示波器观察 CP、$Q_4 \sim Q_1$ 端波形并进行描绘。

(4)将图 1.7.1 电路中的低位触发器 Q 端与高一位 CP 端相连,构成减法计数器,按实验内容(1)、(2)、(3)进行实验,观察并列表 1.7.1,记录 $Q_4 \sim Q_1$ 的状态。

2.集成十进制计数器 74LS160 功能测试

74LS160 是集成十进制计数器,具有清零和置数功能,其引脚图及图形符号如图 1.7.2 所示。可用四只 JK 触发器组成与 74LS160 功能相同的十进制加法计数器,R_D 接逻辑电平开关,$Q_A \sim Q_D$ 分别接数码显示插口 A, B, C, D(中间串联指示灯)。

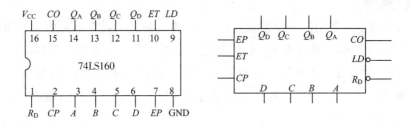

图 1.7.2　74LS160 引脚排列及图形符号

(1)置数、清零功能

A, B, C, D, R_D, LD 分别接逻辑电平开关,CP 接单次脉冲源,Q_A, Q_B, Q_C, Q_D 接指示灯和数码显示插口 A, B, C, D。

置数:令 $R_D = 1$,$DCBA$ 为 1010,$LD = 0$,当 CP 脉冲上升沿到来时,观察数码显示,记录于表 1.7.2 中。

清零:令 $LD = 1$,其他端任意,然后将 R_D 置 0,观察 Q_A, Q_B, Q_C, Q_D 并记录于表 1.7.2 中。

表 1.7.2 　置数、清零功能表

CP	LD	R_D	$D\ C\ B\ A$	$Q_D\ Q_C\ Q_B\ Q_A$
↑	0	1		
×	1	0		

(2)计数功能:令 $ET = EP = 1$,$R_D = LD = 1$,CP 接单次脉冲源,观察 Q_A, Q_B, Q_C,Q_D 及 CO 的状态并记录于表 1.7.3 中。

表 1.7.3	十进制计数器状态表										
输　出	时钟脉冲 CP 的个数										
	0	1	2	3	4	5	6	7	8	9	10
Q_A											
Q_B											
Q_C											
Q_D											
十进制数											
CO											

（3）CP 端接连续脉冲源，频率为 1 kHz，用双踪示波器观察 $Q_A \sim Q_D$ 的变化，并画出波形。

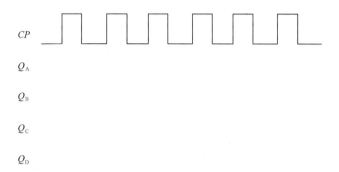

3. 集成可逆计数器

74LS192 是同步十进制可逆计数器，具有双时钟输入，并具有清零和置数功能，其引脚排列及图形符号如图 1.7.3 所示。

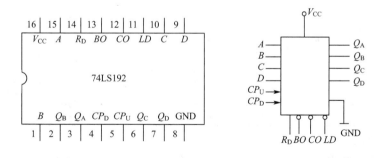

图 1.7.3　可逆计数器 74LS192 引脚排列及图形符号

各端子的功能如下：

CP_U——加计数端　　　　　　　　　　CP_D——减计数端

CO ——异步进位输出端　　　　　　　BO ——异步借位输出端

A,B,C,D ——计数器输入端　　　　　Q_A,Q_B,Q_C,Q_D——数据输出端

R_D——清零端　　　　　　　　　　　　LD ——置数端

（1）清零、置数功能

$A \sim D, R_D, LD, CP_D, CP_U$ 分别接逻辑电平开关，$Q_A \sim Q_D$ 接指示灯和数码显示插口 A, B, C, D。

清零：74LS192 计数器为高电平清零。令 $R_D = 1$，其他端任意，观察 $Q_A \sim Q_D$，然后将 R_D 置 0。

置数：$R_D = 0, CP_U, CP_D$ 为任意态，$D \sim A$ 为 1010。令 $LD = 0$，观察计数和译码显示情况，重复清零，再置数 1001，然后将 LD 置 1。

（2）计数功能

加计数：$R_D = 1$，清零后，使 $R_D = 0, CP_D = LD = 1, CP_U$ 接单次脉冲源，送入 10 个单次脉冲，观察 $Q_A \sim Q_D$，它们连接了指示灯和译码显示器。结果记录于表 1.7.4 中，并注意输出状态的变化是否发生在 CP_U 的上升沿。

表 1.7.4　　　　　　　　　　加计数器状态表

输 出	时钟脉冲 CP 的个数										
	0	1	2	3	4	5	6	7	8	9	10
Q_A											
Q_B											
Q_C											
Q_D											
CO											

减计数：$R_D = 0, CP_U = LD = 1, CP_D$ 接单次脉冲源，参考加计数器的步骤和方法进行实验。结果记录于表 1.7.5 中。

表 1.7.5　　　　　　　　　　减计数器状态表

输 出	时钟脉冲 CP 的个数										
	0	1	2	3	4	5	6	7	8	9	10
Q_A											
Q_B											
Q_C											
Q_D											
BO											

六、实验报告要求

1. 整理实验数据，填入相应表格，画出实验电路及对应的波形（Q_D, Q_C, Q_B, Q_A, CP）。

2. 试用 74LS193 构成一个十进制计数器并画出电路图。

验证性实验八　寄存器和移位寄存器

一、实验目的

1. 学会用 D 触发器组成寄存器和移位寄存器。

2. 通过实验进一步熟悉移位寄存器的功能及测试方法。

二、实验准备

1. 复习寄存器和移位寄存器的有关内容及其组成。

2. 画出实验用的电路图及表格。

3. 预习移位寄存器的功能及原理。

三、实验设备及元器件

1. 数字电路实验台。

2. 万用表。

3. 元器件：74LS74,74LS194。

四、实验原理

寄存器是用来暂存数据或指令等信息的电路,若存储的信息在时钟脉冲的控制下向左移或向右移,则这样的电路为移位寄存器。移位寄存器有单向移位和双向移位之分。单向移位寄存器是指在时钟脉冲作用下只能向左(或向右)移位,双向移位寄存器是指在时钟脉冲作用下既可向左移位又可向右移位的寄存器。移位寄存器可以由分立的触发器组成,也可选用集成器件。例如,74LS194 就是集成的双向移位寄存器。

五、实验内容

1. 用触发器组成寄存器和移位寄存器

(1) 并行输入、并行输出寄存器

在数字电路实验箱上选用两片双 D 触发器 74LS74,构成如图 1.8.1 所示的并行输入、并行输出寄存器,R_D,CP,$D_1 \sim D_4$ 分别接数字电路实验台的逻辑电平开关,$Q_1 \sim Q_4$ 接指示灯。实验步骤如下:首先清零,令 $R_D=0$;再存数,令 $R_D=1$,$D_1=1$,$D_2=0$,$D_3=1$,$D_4=0$,根据指示灯的亮与灭,分别测试不加脉冲 CP 和加脉冲 CP 后寄存器的输出状态,记录于表 1.8.1 中。

表 1.8.1　并行输入、并行输出寄存器功能表

CP	输出			
	Q_1	Q_2	Q_3	Q_4
不加				
加				

(2) 移位寄存器

用 D 触发器组成如图 1.8.2 所示的串行右移寄存器,R_D,D_1 分别接逻辑电平开关,CP 接单次脉冲源,$Q_1 \sim Q_4$ 接指示灯。实验步骤如下:首先给移位寄存器清零,令 $R_D=0$;然后令 $R_D=1$,从 D_1 把数据 1010 一位位地输入,每输入一位数码后,给寄存器送一个移

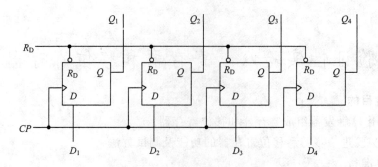

图 1.8.1 并行输入、并行输出寄存器

位脉冲。通过指示灯，观察输出状态并记录于表 1.8.2 中。四位数据输入完毕后，将输入端 D_1 接地，继续加四个脉冲，观察状态结果并记录于表 1.8.2 中。

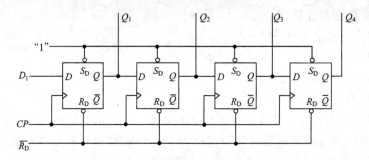

图 1.8.2 串行右移寄存器

表 1.8.2 移位寄存器功能表

移位脉冲数	输出			
	Q_1	Q_2	Q_3	Q_4
1				
2				
3				
4				
5				
6				
7				
8				

2. 集成双向移位寄存器

选用 74LS194 双向移位寄存器，引脚排列见图 1.8.3，A, B, C, D 为并行数据输入端，Q_A, Q_B, Q_C, Q_D 为输出端，S_1, S_0 为工作方式选择端，D_{SR} 为右移串行数据输入端，D_{SL} 为左移串行数据输出端。

(1)测试 74LS194 的逻辑功能

首先，将 74LS194 的 A, B, C, D, S_1, S_0, D_{SR}, D_{SL} 分别接到逻辑电平开关上，脉冲 CP 与单次脉冲源相接。Q_A, Q_B, Q_C, Q_D 接指示灯，按表 1.8.3 逐项进行测试：

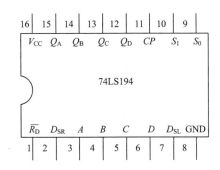

图 1.8.3　74LS194 双向移位寄存器引脚排列

①清零:令$\overline{R_D}$=0,其他输入端均为任意状态,观测寄存器输出端 Q_A,Q_B,Q_C,Q_D 是否均为零,然后,将$\overline{R_D}$置1。

②存数:令$\overline{R_D}$=S_1=S_0=1,送入任意四位二进制数,如 $ABCD$=1010,加脉冲 CP,观察 CP=0,CP 由 0 到 1 或由 1 到 0 三种情况下寄存器输出状态的变化以及其变化发生在脉冲 CP 的哪个沿上。

③右移:清零后,令$\overline{R_D}$=1,S_1=0,S_0=1,由右移串行数据输入端 D_{SR} 送入二进制码 1010,每送一个数码由 CP 端加一个单次脉冲,观察输出状态,记入表 1.8.3 中。

④左移:先清零,再令$\overline{R_D}$=1,S_1=1,S_0=0,由左移串行数据输入端 D_{SL} 送入二进制码 0011,每送一个数码由 CP 端加一个单次脉冲,观察输出状态,记入表 1.8.3 中。

⑤保持:$\overline{R_D}$=1,S_1=S_0=0,加脉冲 CP 观察输出状态,记入表 1.8.3 中。

表 1.8.3　　　　　　　　双向移位寄存器功能表

| \multicolumn{6}{c}{输　入} | \multicolumn{4}{c}{并行输入} | \multicolumn{4}{c}{输　出} | 功能总结 |
$\overline{R_D}$	S_1	S_0	CP	D_{SR}	D_{SL}	A	B	C	D	Q_A	Q_B	Q_C	Q_D	
0	×	×	×	×	×	×	×	×	×					
1	×	×	0	×	×	×	×	×	×					
1	1	1	↑	×	×	1	0	1	0					
1	0	1	↑	1	×	×	×	×	×					
1	0	1	↑	0	×	×	×	×	×					
1	0	1	↑	1	×	×	×	×	×					
1	0	1	↑	0	×	×	×	×	×					
1	1	0	↑	×	0	×	×	×	×					
1	1	0	↑	×	0	×	×	×	×					
1	1	0	↑	×	1	×	×	×	×					
1	1	0	↑	×	1	×	×	×	×					
1	0	0	↑	×	×	×	×	×	×					

(2)循环移位

把移位寄存器的输出反馈到它的串行输入端,就可以进行循环移位。将 D_{SR} 与 Q_D 相连即可成为右移循环移位,如图 1.8.4 所示,自拟表格记录输出状态。

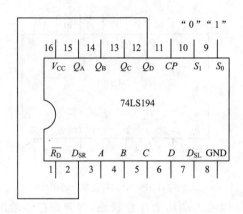

图 1.8.4　右移循环移位寄存器连接图

六、实验报告要求

1. 整理实验数据填入相应的表格中。

2. 总结移位寄存器 74LS194 的逻辑功能并填入功能总结表中。

3. 用 74LS194 构成左移循环移位寄存器，并画出状态转换图和波形图。

验证性实验九　自激多谐振荡器

一、实验目的

1.掌握使用门电路构成脉冲信号产生电路的基本方法。

2.掌握影响输出脉冲波形参数的定时元件数值的计算方法。

3.学习石英晶体稳频原理和使用石英晶体构成振荡器的方法。

二、实验准备

1.复习自激多谐振荡器的工作原理。

2.画出实验用电路图,拟好记录、实验数据表格等。

三、实验设备及元器件

1.数字电路实验台。

2.万用表。

3.双踪示波器。

4.元器件:74LS00(或 CC4011),晶体振荡器 32 768 Hz,电位器、电阻、电容若干。

5.频率计。

四、实验原理

与非门作为一个开关倒相器件,可用来构成各种脉冲波形的产生电路。电路的基本工作原理是利用电容器的充放电,当输入电压达到与非门的阈值电压 V_T 时,门的输出状态即发生变化。因此,电路的输出脉冲波形参数直接取决于电路中阻容元件的数值。

1.非对称型多谐振荡器

如图 1.9.1 所示,与非门 3 用于输出波形整形。

非对称型多谐振荡器的输出波形是不对称的,当由 TTL 与非门组成时,输出脉冲宽度

$$t_{w1}=RC, \ t_{w2}=1.2RC, \ T=2.2RC$$

调节 R 和 C 的值,可改变输出信号的振荡频率,通常通过改变 C 实现振荡频率的粗调,改变电位器 R 实现振荡频率的微调。

2.对称型多谐振荡器

如图 1.9.2 所示,由于电路完全对称,电容器的充放电时间常数相同,故输出为对称的方波。改变 R 和 C 的值,可以改变输出信号的振荡频率。与非门 3 用于输出波形整形。

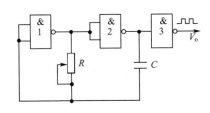

图 1.9.1　非对称型多谐振荡器

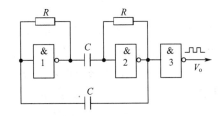

图 1.9.2　对称型多谐振荡器

一般取 $R \leqslant 1 \text{ k}\Omega$,当 $R = 1 \text{ k}\Omega$,$C = 100 \text{ pF} \sim 100 \text{ } \mu\text{F}$ 时,$f = n \text{ Hz} \sim n \text{ MHz}$,脉冲宽度 $t_{w1} = t_{w2} = 0.7RC$,$T = 1.4RC$。

3. 带有 RC 电路的环形振荡器

电路如图 1.9.3 所示,与非门 4 用于输出波形整形,R 为限流电阻,一般取 100 Ω,电位器 R_W 要求不大于 1 $\text{k}\Omega$,电路利用电容 C 的充放电过程,控制 D 点电压 V_D,从而控制与非门的自动启闭,形成多谐振荡,电容 C 的充电时间 t_{w1}、放电时间 t_{w2} 和总的振荡周期 T 分别为

$$t_{w1} \approx 0.94RC, \quad t_{w2} \approx 1.26RC, \quad T \approx 2.2RC$$

调节 R 和 C 的值可改变电路输出的振荡频率。

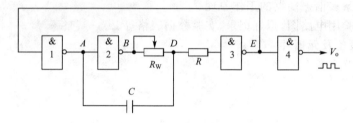

图 1.9.3　带有 RC 电路的环形振荡器

以上这些电路的状态转换都发生在与非门输入电平达到门的阈值电压 V_T 的时刻。在 V_T 附近电容器的充放电速度已经变得缓慢,而且 V_T 本身也不够稳定,易受温度、电源、电压等因素的变化以及干扰的影响。因此,电路输出频率的稳定性较差。

4. 石英晶体稳频的多谐振荡器

当要求多谐振荡器的工作频率稳定性很高时,上述几种多谐振荡器的精度已不能满足要求。为此常用石英晶体作为信号频率的基准。用石英晶体和与非门电路构成的多谐振荡器常用来为微型计算机等提供时钟信号。

如图 1.9.4 所示为常用的晶体稳频多谐振荡器。(a)、(b)为 TTL 器件组成的晶体振荡电路;(c)、(d)为 CMOS 器件组成的晶体振荡电路,一般用于电子表中,其中晶体的 $f_0 = 32\ 768 \text{ Hz}$。

图 1.9.4(c)中,门 1 用于振荡,门 2 用于缓冲整形。R_f 是反馈电阻,通常为几十兆欧,一般选 22 MΩ。R 起稳定振荡作用,通常取十至几百千欧。C_1 是频率微调电容器,C_2 用于温度特性校正。

五、实验内容

1. 用与非门 74LS00 按图 1.9.1 构成多谐振荡器,其中 R 为 10 kΩ 电位器,C 为 0.01 μF。

(1)用示波器观察输出波形及电容 C 两端的电压波形,并列表记录。

(2)调节电位器,观察输出波形的变化,测出上、下限频率。

(3)用一只 100 μF 电容器跨接在 74LS00 14 脚与 7 脚的最近处,观察输出波形的变化及电源上纹波信号的变化,并记录。

2. 用 74LS00 按图 1.9.2 接线,取 $R = 1 \text{ k}\Omega$,$C = 0.047 \text{ } \mu\text{F}$,用示波器观察输出波形,并记录。

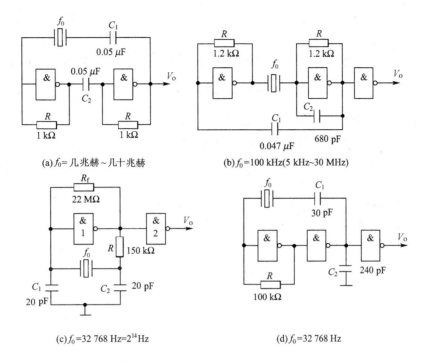

(a) f_0=几兆赫~几十兆赫　　　　　　　(b) f_0=100 kHz(5 kHz~30 MHz)

(c) f_0=32 768 Hz=2^{14}Hz　　　　　　　(d) f_0=32 768 Hz

图 1.9.4　常用的晶体稳频多谐振荡器

3.用 74LS00 按图 1.9.3 接线,其中定时电位器 R_w 用一个 510 Ω 的电阻与一个 1 kΩ 的电位器串联,取 $R=100$ Ω,$C=0.1$ μF。

(1)当 R_w 调到最大时,观察并记录 A,B,D,E 各点及 V_o 的电压波形,测出 V_o 的周期 T 和负脉冲宽度(电容 C 的充电时间),并与理论值比较。

(2)改变 R_w 的值,观察输出信号 V_o 波形的变化情况。

4.按图 1.9.4(c)接线,选用电子表晶体振荡器,频率为 32 768 Hz,与非门选用 CC4011,用示波器观察输出波形,用频率计测量输出信号频率,并记录。

六、实验报告要求

1.画出实验电路,整理实验数据并与理论值进行比较。

2.用方格纸画出实验观测到的工作波形,对实验结果进行分析。

验证性实验十　单稳态触发器与施密特触发器

一、实验目的

1.掌握使用集成门电路构成单稳态触发器的基本方法。

2.熟悉集成单稳态触发器的逻辑功能及其使用方法。

3.熟悉集成施密特触发器的性能及其应用。

二、实验准备

1.复习有关单稳态触发器和施密特触发器的内容。

2.画出实验用的详细电路图。

3.拟订各次实验的方法、步骤。

4.拟好测量并记录实验结果所需的数据、表格等。

三、实验设备及元器件

1.数字电路实验台。

2.万用表。

3.双踪示波器。

4.元器件:CC4011,CC14528,CC40106,2CK15,电位器、电阻、电容若干。

四、实验原理

在数字电路中常使用矩形脉冲作为信号进行信息传递,或作为时钟信号用来控制和驱动电路,使各部分协调动作。实验九的自激多谐振荡器,是不需要外加信号触发的矩形波发生器。另一类是他激多谐振荡器,如单稳态触发器,它需要在外加触发信号的作用下输出具有一定宽度的矩形脉冲波,如施密特触发器(整形电路),它对外部输入的正弦波等波形进行整形,使电路输出矩形脉冲波。

1.用与非门组成单稳态触发器

利用与非门作开关,依靠定时元件 RC 的充放电来控制与非门的启闭。单稳态电路有微分型与积分型两大类,这两类触发器对触发脉冲的极性与宽度有不同的要求。

(1)微分型单稳态触发器

如图 1.10.1 所示,该电路为负脉冲触发。其中 R_P, C_P 构成输入端微分隔直电路。R,C 构成微分型定时电路,定时元件 R,C 的取值不同,输出脉冲宽度 t_W 也不同。

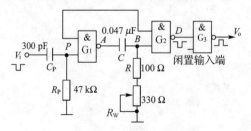

图 1.10.1　微分型单稳态触发器

$t_W \approx (0.7 \sim 1.3)RC$。与非门 G_3 起整形、倒相作用。

图 1.10.2 为微分型单稳态触发器各点波形图,结合波形图说明其工作原理。

①无外加触发脉冲时电路处于初始稳态($t < t_1$)

稳态时 V_i 为高电平。适当选择电阻 R 的阻值,使与非门 G_2 输入电压 V_B 小于门的关门电平($V_B < V_{off}$),则门 G_2 关闭,输出 V_D 为高电平。适当选择电阻 R_P 的阻值,使与非门 G_1 的输入电压 V_P 大于其开门电压($V_P > V_{on}$),于是门 G_1 的两个输入端全为高电平,则门 G_1 开启,输出 V_A 为低电平(为方便计算,取 $V_{off} = V_{on} = V_T$)。

②触发翻转($t = t_1$)

V_i 负跳变,V_P 也负跳变,门 G_1 输出 V_A 升高,经电容 C 耦合,V_B 也升高,门 G_2 输出 V_D 降低,正反馈到门 G_1 输入端,结果使门 G_1 输出 V_A 由低电平迅速上跳至高电平,门 G_1 迅速关闭;V_B 也上跳至高电平,门 G_2 输出 V_D 则迅速下跳至低电平,门 G_2 迅速开通。

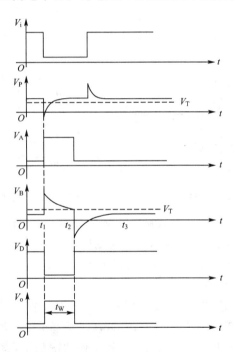

图 1.10.2 微分型单稳态触发器各点波形图

③暂稳状态($t_1 < t < t_2$)

$t > t_1$ 以后,门 G_1 输出高电平,对电容 C 充电,V_B 随之按指数规律下降,但只要 $V_B > V_T$,门 G_1 关、门 G_2 开的状态将维持不变,V_A、V_D 也维持不变。

④自动翻转($t = t_2$)

$t = t_2$ 时刻,V_B 下降至门的关门电平 V_{off},门 G_2 的输出 V_D 升高,门 G_1 的输出 V_A 正反馈使电平迅速翻转至门 G_1 开启、门 G_2 关闭的初始稳态。

暂稳状态时间的长短,取决于电容 C 充电时间常数 $t = RC$。

⑤恢复过程($t_2 < t < t_3$)

电平自动翻转使门 G_1 开启、门 G_2 关闭后，V_B 不会立即回到初始稳态值，这是因为电容 C 要有一个放电过程。

$t > t_3$ 以后，若 V_i 再出现负跳变，则电路将重复上述过程。

当输入脉冲宽度较小时，输入端可省去 $R_P C_P$ 微分电路。

(2)积分型单稳态触发器

如图 1.10.3 所示，电路采用正脉冲触发，工作波形如图 1.10.4 所示。电路的稳定条件是 $R \leqslant 1$ kΩ($R = R_1 + R_w$)，输出脉冲宽度 $t_w \approx 1.1\,RC$。

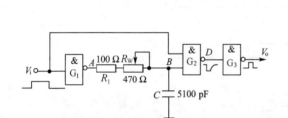

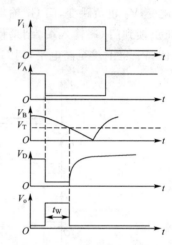

图 1.10.3　积分型单稳态触发器　　　图 1.10.4　积分型单稳态触发器波形图

单稳态触发器的共同特点是：触发脉冲未加入前，电路处于稳态。此时，可以测得各门的输入、输出电位。触发脉冲加入后，电路立刻进入暂稳态，暂稳态的时间，即输出脉冲的宽度 t_w 只取决于 RC 数值的大小，与触发脉冲无关。

2. 用与非门组成施密特触发器

施密特触发器能对正弦波、三角波等信号进行整形，并输出矩形波，图 1.10.5(a)、(b)是两种典型的电路。图 1.10.5(a)中，门 G_1，G_2 是基本 RS 触发器，门 G_3 是反相器，二极管 D 起电平偏移作用，以产生回差电压，其工作情况如下：设 $V_i = 0$，G_3 截止，$R = 1$，$S = 0$，$Q = 1$，$\overline{Q} = 0$，电路处于原态。V_i 由 0 上升到电路的接通电位 V_T 时，G_3 导通，$R = 0$，$S = 1$，触发器翻转为 $Q = 0$，$\overline{Q} = 1$ 的新状态。此后 V_i 继续上升，电路状态不变。当 V_i 由最大值下降到 V_T 值的时间内，R 仍等于 0，$S = 1$，电路状态也不变。当 $V_i \leqslant V_T$ 时，G_3 由导通变为截止，而 $V_S = V_T + V_D$ 为高电平，因而 $R = 1$，$S = 1$，触发器状态仍保持。只有 V_i 降至使 $V_S = V_T$ 时，电路才翻转回到 $Q = 1$，$\overline{Q} = 0$ 的原态。电路的回差 $\Delta V = V_D$。

图 1.10.5(b)是由电阻 R_1，R_2 产生回差的电路。

3. 集成双单稳态触发器 CC14528(CC4098)

(1)图 1.10.6 为 CC14528(CC4098)的逻辑符号及功能表，该器件能提供稳定的单脉冲，脉宽由外部电阻 R_X 和外部电容 C_X 决定，调整 R_X 和 C_X 可使 Q 端和 $\overline{Q}$ 端输出脉冲宽度有一个较宽的范围。本器件可采用上升沿触发($+T_R$)也可用下降沿触发($-T_R$)，为使

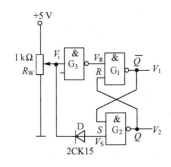

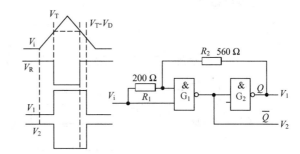

(a) 由二极管 D 产生回差的电路　　　　　　　(b) 由电阻 R_1、R_2 产生回差的电路

图 1.10.5　与非门组成施密特触发器

用带来很大的方便。在正常工作时，电路应由每一个新脉冲去触发。当采用上升沿触发时，为防止重复触发，$\overline{Q}$ 端必须连到（$-T_R$）端。同样，在使用下降沿触发时，Q 端必须连到（$+T_R$）端。

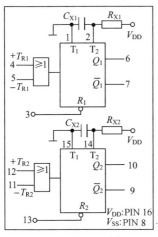

输　　入			输　　出	
$+T_R$	$-T_R$	$\overline{R}$	Q	$\overline{Q}$
⌐	1	1	⊓	⊔
⌐	0	1	Q	$\overline{Q}$
1	¬_	1	Q	$\overline{Q}$
0	¬_	1	⊓	⊔
×	×	0	0	1

图 1.10.6　CC14528 的逻辑符号及功能表

该单稳态触发器的时间周期约为 $T_X = R_X C_X$。

所有的输出级都有缓冲级，以提供较大的驱动电流。

（2）应用举例

① 实现脉冲延迟，如图 1.10.7 所示。

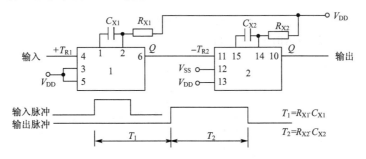

$T_1 = R_{X1} \cdot C_{X1}$

$T_2 = R_{X2} \cdot C_{X2}$

图 1.10.7　实现脉冲延迟

②实现多谐振荡,如图 1.10.8 所示。

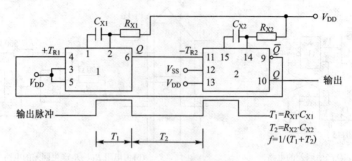

图 1.10.8　实现多谐振荡

4.集成六施密特触发器 CC40106

如图 1.10.9 所示为其逻辑符号及引脚排列,它可用于波形的整形,也可作反相器或构成单稳态触发器和多谐振荡器。

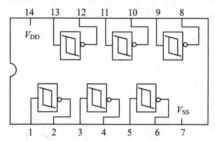

图 1.10.9　CC40106 逻辑符号及引脚排列

(1)将正弦波转换为方波,如图 1.10.10 所示。

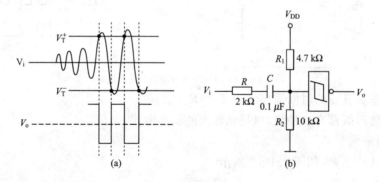

图 1.10.10　正弦波转换为方波

(2)构成多谐振荡器,如图 1.10.11 所示。

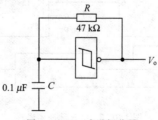

图 1.10.11　多谐振荡器

（3）构成单稳态触发器

图1.10.12（a）为下降沿触发；图1.10.12（b）为上升沿触发。

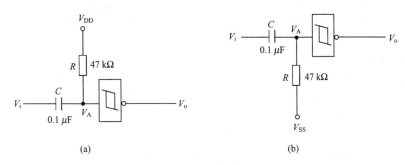

(a)   (b)

图1.10.12　单稳态触发器

五、实验内容

1. 按图1.10.1接线，输入1 kHz连续脉冲，用双踪示波器观察V_i，V_P，V_A，V_B，V_D及V_o的波形，并记录。

2. 改变C或R之值，重复1的实验内容。

3. 按图1.10.3接线，重复1的实验内容。

4. 按图1.10.5（a）接线，令V_i由0→5 V变化，测量V_1，V_2的值。

5. 按图1.10.7接线，输入1 kHz连续脉冲，用双踪示波器观测输入、输出波形，测定T_1与T_2。

6. 按图1.10.8接线，用示波器观测输出波形，测定振荡频率。

7. 按图1.10.10接线，构成整形电路，被整形信号可由音频信号源提供，图中串联的2 kΩ电阻起限流保护作用。将正弦信号频率置1 kHz，调节信号电压由低到高观测输出波形的变化。记录输入信号为0 V，0.25 V，0.5 V，1.0 V，1.5 V，2.0 V时的输出波形，并记录。

8. 按图1.10.11接线，用示波器观测输出波形，测定振荡频率。

9. 分别按图1.10.12（a）、（b）接线，进行实验。

六、实验报告要求

1. 绘出实验电路图，用方格纸记录波形。

2. 分析各次实验结果的波形，验证有关的理论。

3. 总结单稳态触发器及施密特触发器的特点及其应用。

验证性实验十一　555定时器及其应用

一、实验目的

1. 熟悉555定时器的电路结构、工作原理及其特点。

2. 掌握555定时器的基本应用。

3. 掌握示波器对输出波形的定性分析和定量测试的方法。

二、实验准备

1. 预习有关555定时器的工作原理及其应用。

2. 拟订实验中所需的数据、表格等。

3. 熟悉单稳态触发器、多谐振荡器、施密特触发器的特点及应用。

三、实验设备及元器件

1. 数字电路实验台。

2. 万用表。

3. 双踪示波器。

4. 元器件：555×2,2CK13×2,电位器、电阻、电容若干。

四、实验原理

555定时器是一种数字、模拟混合型的中规模集成器件,多用于脉冲的产生、整形及定时等。555是单定时器,556是双定时器,558是四定时器。图1.11.1为其引脚图和内部结构图。它含有两个电压比较器,一个基本RS触发器,一个放电开关管T,比较器的参考电压由三只5 kΩ的电阻器构成的分压器提供。参考电平为$\frac{2}{3}V_{CC}$和$\frac{1}{3}V_{CC}$。

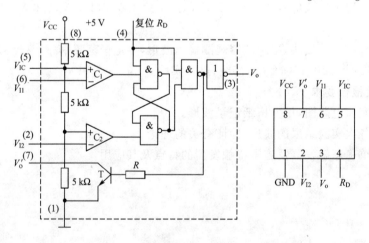

图1.11.1　555定时器内部框图及引脚排列

五、实验内容

1. 测试555定时器的功能

按图1.11.1接线,V_{CC}为+5 V,R_D为清零端,按表1.11.1测试下列各项,并记录。

表 1. 11. 1　　　　555 定时器功能表

输　　入			输　　出	
阀值输入(V_{I1})	触发输出(V_{I2})	复位(R_D)	输出(V_o)	放电管 T
$\times$	$\times$	0		
$< \frac{2}{3}V_{CC}$	$> \frac{1}{3}V_{CC}$	0		
$> \frac{2}{3}V_{CC}$	$> \frac{1}{3}V_{CC}$	1		
$< \frac{2}{3}V_{CC}$	$< \frac{1}{3}V_{CC}$	1		

2. 构成单稳态触发器

(1)按图 1. 11. 2 连线,取 $R=100$ kΩ,$C=47$ μF,输入信号 V_i,由单次脉冲源提供,用双踪示波器观测 V_i,V_C,V_o 波形。测定幅度与暂稳时间。

(2)将 R 改为 1 kΩ,C 改为 0.1 μF,输入端加 1 kHz 的连续脉冲,观测 V_i,V_C,V_o 波形,测定幅度及暂稳时间。

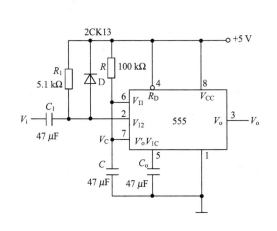 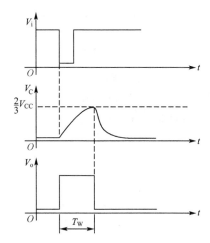

图 1. 11. 2　单稳态触发器

3. 构成多谐振荡器

(1)按图 1. 11. 3 接线,用双踪示波器观测 V_C 与 V_o 的波形,测定频率。

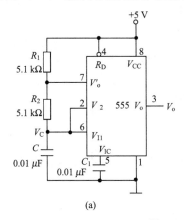 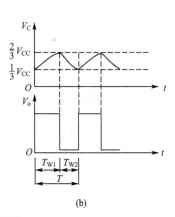

(a)　　　　　　　　　　　　　　　　　(b)

图 1. 11. 3　多谐振荡器

(2)按图 1.11.4 接线,组成占空比为 50% 的方波信号发生器。观测 V_C,V_o 波形,测定波形参数。

(3)按图 1.11.5 接线,通过调节 R_{W1} 和 R_{W2} 来观测输出波形。

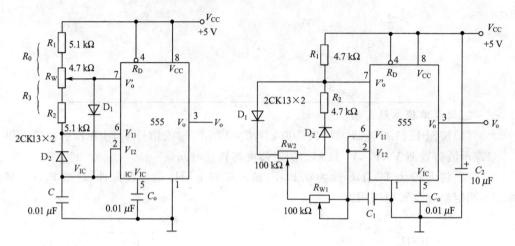

图 1.11.4 占空比可调的多谐振荡器　　　　图 1.11.5 占空比与频率均可调的多谐振荡器

4.构成施密特触发器

按图 1.11.6 接线,输入信号由音频信号源提供,预先调好 V_S 的频率为 1 kHz,接通电源,逐渐加大 V_S 的幅度,观测输出波形,测绘电压传输特性,算出回差电压 ΔV。

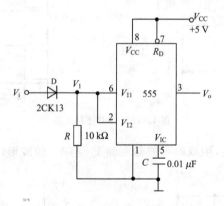

图 1.11.6 施密特触发器

六、实验报告要求

1.绘出详细的实验电路图,绘出观测到的波形。

2.分析、总结实验结果。

第二章 数字电路设计性实验

设计性实验一 组合逻辑电路的设计

一、实验目的

1.进一步掌握各种逻辑门电路。

2.掌握组合逻辑电路的一般设计方法。

3.熟悉组合逻辑电路的特点。

二、实验准备

1.复习组合逻辑电路设计的有关内容。

2.识读芯片 74LS54,74LS08,74LS02,74LS83,画出引脚图。

3.查阅有关逻辑电路的设计资料。

三、实验设备及元器件

1.数字电路实验台。

2.万用表。

3.元器件:74LS51,74LS54,74LS00,74LS20,74LS08,74LS02,74LS32,74LS83,74LS86 等。

四、实验原理

数字系统中的各种逻辑部件按其结构和工作原理可分为两大类。组合逻辑电路就是其中之一,其特点为:

1.从功能看,某时刻电路的输出只由该时刻电路的输入信号决定,而与电路以前的状态无关,即无"记忆"功能;

2.从器件上看,仅由门电路组成,不包含记忆元件;

3.从结构看,为单向连接,即输出、输入之间,无反馈延迟通路。

组合逻辑电路的设计,主要以电路简单、器件最少为目标,具体步骤如下:

(1)列表,根据实际设计要求,确定输入变量和输出变量,并按照逻辑功能建立真值表。

(2)写式,由真值表写出逻辑表达式,并化简(用逻辑代数,卡诺图)变换为所需形式。

(3)画出逻辑图,根据化简后的逻辑关系式画出逻辑图。

五、实验设计内容

1.设计一个四人表决电路,三人以上为通过,要求选用"与非门"实现。

2.设计一个全加器。要求选用"与非门"实现。

3.设计一个全减器。要求选用异或门、与门、或门、与非门实现。

4.设计一个四位加/减法器。要求选用全加器和异或门实现。

六、实验设计要求

1.按照设计内容列写设计过程(列表、写式、画出逻辑图);

2.根据逻辑图写明设计所用芯片型号及依据;

3.对所设计的电路进行测试,记录测试结果;

4.认真写好设计体会。

设计性实验二 数据选择器及其应用

一、实验目的

1. 掌握中规模集成数据选择器的逻辑功能及使用方法。

2. 学习用数据选择器构成组合逻辑电路的方法。

二、实验准备

1. 复习数据选择器的工作原理。

2. 用数据选择器对实验内容中各函数式进行预设计。

三、实验设备及元器件

1. 数字电路实验台。

2. 万用表。

3. 元器件:74LS151(或 CC4512),74LS153(或 CC4539),74LS00。

四、实验原理

数据选择器又叫"多路开关"。数据选择器在地址码(或叫选择控制)电位的控制下,从几个数据输入中选择一个并将其送到一个公共的输出端。数据选择器的功能类似一个多置开关,如图 2.2.1 所示,图中有四路数据 $D_0 \sim D_3$,通过选择控制信号 A、B(地址码)从四路数据中选中某一路数据送至输出端 Q。

数据选择器为目前逻辑设计中应用十分广泛的逻辑部件,它有 2 选 1、4 选 1、8 选 1、16 选 1 等类别。

数据选择器的电路结构一般由与或门阵列组成,也有用传输门开关和门电路混合而成的。

1. 8 选 1 数据选择器 74LS151

74LS151 为互补输出的 8 选 1 数据选择器,引脚排列如图 2.2.2 所示,功能见表 2.2.1。

选择控制端(地址端)为 C,B,A,按二进制译码,从 8 个输入数据 $D_0 \sim D_7$ 中,选择一个需要的数据送到输出端 Y,W 为使能端,低电平有效。

(1)使能端 $G=1$ 时,不论 $C \sim A$ 状态如何,均无输出($Y=0$,$W=1$),多路开关被禁止。

(2)使能端 $G=0$ 时,多路开关正常工作,根据地址码 C,B,A 的状态选择 $D_0 \sim D_7$ 中某一个通道的数据输送到输出端 Y。

如:$CBA=000$,则选择 D_0 数据到输出端,即 $Y=D_0$。

如:$CBA=001$,则选择 D_1 数据到输出端,即 $Y=D_1$,其余类推。

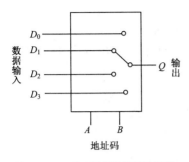

图 2.2.1　4 选 1 数据选择器示意图

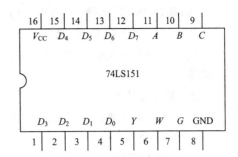

图 2.2.2　74LS151 引脚排列

表 2.2.1　74LS151 数据选择器功能表

输　　入				输　　出	
G	C	B	A	Y	W
1	$\times$	$\times$	$\times$	0	1
0	0	0	0	D_0	$\overline{D_0}$
0	0	0	1	D_1	$\overline{D_1}$
0	0	1	0	D_2	$\overline{D_2}$
0	0	1	1	D_3	$\overline{D_3}$
0	1	0	0	D_4	$\overline{D_4}$
0	1	0	1	D_5	$\overline{D_5}$
0	1	1	0	D_6	$\overline{D_6}$
0	1	1	1	D_7	$\overline{D_7}$

2. 双 4 选 1 数据选择器 74LS153

所谓双 4 选 1 数据选择器就是在一块集成芯片上有两个 4 选 1 数据选择器。引脚排列如图 2.2.3 所示,功能见表 2.2.2。

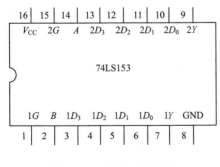

图 2.2.3　74LS153 引脚排列

表 2.2.2　74LS153 数据选择器功能表

输　　入			输　出
G	B	A	Q
1	$\times$	$\times$	0
0	0	0	D_0
0	0	1	D_1
0	1	0	D_2
0	1	1	D_3

$1G,2G$ 为两个独立的使能端;B,A 为公用的地址输入端;$1D_0 \sim 1D_3$ 和 $2D_0 \sim 2D_3$ 分别为两个 4 选 1 数据选择器的数据输入端;$1Q,2Q$ 为两个输出端。

(1)当使能端 $1G(2G)=1$ 时,多路开关被禁止,无输出,$Q=0$。

(2)当使能端 $1G(2G)=0$ 时,多路开关正常工作,根据地址码 B,A 的状态,将相应的数据 $D_0 \sim D_3$ 送到输出端 Q。

如：$BA=00$，则选择 D_0 数据到输出端，即 $Q=D_0$。

$BA=01$，则选择 D_1 数据到输出端，即 $Q=D_1$，其余类推。

数据选择器的用途很多，例如多通道传输，数码比较，并行码变串行码，以及实现逻辑函数等。

五、实验设计内容

1.用 8 选 1 数据选择器 74LS151 设计三输入多数表决电路

(1)写出设计过程。

(2)画出接线图。

(3)验证逻辑功能。

2.用 8 选 1 数据选择器 74LS151 实现逻辑函数 $Y=A\odot B\odot C$

(1)写出设计过程。

(2)画出接线图。

(3)验证逻辑功能。

3.用双 4 选 1 数据选择器 74LS153 实现全加器

(1)写出设计过程。

(2)画出接线图。

(3)验证逻辑功能。

六、实验设计要求

1.用数据选择器对实验内容进行设计，写出设计全过程、画出接线图并进行逻辑功能测试。

2.总结实验收获、体会，提出建议。

设计性实验三　任意进制计数器

一、实验目的
1.提高识读大规模集成计数器芯片的能力。
2.掌握计数器的选片方法和接线技巧。
3.掌握任意进制计数器的构成方法。

二、实验准备
1.阅读时序电路有关计数器的内容。
2.查阅集成计数器 74LS 系列,如:90、290、192、193 及 161、160,有关的功能表及相关参数和引脚图。

三、实验设备及元器件
1.数字电路实验台。
2.万用表。
3.元器件:74LS161,74LS160,74LS20,74LS192,74LS193,74LS00,74LS90,74LS290,74LS08。

四、实验原理
计数器是时序电路最基本的逻辑器件,不但可以实现计数、分频,还可以实现测量、运算和控制等功能,在实践中应用很广,虽然集成计数器的规格和型号很多,但也不可能任意进制的计数器都有与之相对应的集成产品。这就要求我们学会用现有的成品计数器外接器件及线路,构成适合自己要求的计数器。例如:我们现有 M 进制计数要构成 N 进制计数器,当 $N < M$ 时,则只需一片 M 进制计数器;如果 $N > M$ 时,则要多片 M 进制计数器,其构成方法通常为两种:①反馈清零法,适用于具有清零输入端的集成计数器;②反馈置数法,适用于具有预置数功能的集成计数器。

五、实验设计内容
1.用反馈清零法设计一个七进制计数器,选择芯片要求用 74LS161 或 74LS192。
2.用反馈置数法设计一个二十四进制计数器,选择芯片要求用 74LS160 或 74LS193。
3.选用 74LS290 设计一个 55 进制计数器,设计方法不限。

六、实验设计要求
1.按规定选芯片,画好电路接线图。
2.在数字电路实验台上测试电路,将实测数据列表记录。
3.写出设计和调试过程遇到的问题、解决方法及体会。

设计性实验四　　移位寄存器的应用

一、实验目的

1.熟悉移位寄存器的功能。

2.学习二进制数码的串并行转移技术。

3.通过设计和测试掌握移位寄存器的应用技术。

二、实验准备

1.学习集成双向移位寄存器的功能及使用方法。

2.复习有关寄存器及串行、并行转换器的内容。

三、实验设备及元器件

1.数字电路实验台。

2.万用表。

3.元器件：74LS194,74LS20,74LS00。

四、实验原理

移位寄存器是具有移位功能的寄存器,双向移位寄存器就是在移位脉冲的作用下,可左移也可右移。本实验提供的75LS194就是一个双向移位寄存器,只要改变左、右移的控制信号,便可以实现双向移动的要求。除此之外,在二进制数码转换和二进制传输方面得到广泛的应用。

五、实验设计内容

1.移位寄存器组成环行计数器

环行计数器用74LS194,两种接法设计右移循环计数器,写出状态图,画逻辑图。

2.移位寄存器实现数据转换

(1)给出两片74LS194,74LS00,自己设计一个七位串行输入/并行输出的数据转换器,要求右移串入,串入数码自定,画出状态图及逻辑电路。

(2)并行输入/串行输出转换器,给出两片74LS194、一片74LS20、一片74LS00自行设计一个七位并行输入/串行输出的数据转换器。右移并行输入,数码自定,在数字电路实验箱上测试并画出状态转换图及逻辑电路图。

3.二进制数码的传输

给出两片74LS194,一片用于发送,一片用于接收。设计两种传输方式,分别设计出二进制和串行传输电路,要求有设计思路、状态转换图、逻辑电路,自定数码、数字电路在实验台上测试。

六、实验设计要求

1.写出所有设计方案、状态图、逻辑电路。

2.总结设计电路调试过程遇到的问题及解决方法。

3.写出设计体会并提出建议。

设计性实验五　电子表计数、译码显示电路

一、实验目的

1.熟悉数字电子钟的计数、译码显示电路。

2.掌握数字电子钟逻辑电路的设计方法。

3.熟悉组合逻辑电路的特点。

4.学习使用译码器和数码管。

二、实验准备

1.复习有关计数、译码显示的内容。

2.识读集成计数器 74LS290,74LS193,74LS48。

3.复习关于译码显示的内容。

三、实验设备及元器件

1.数字电路实验台。

2.万用表。

3.元器件:74LS290,74LS192,74LS161。

四、实验原理

电子表的计数、译码显示部分是一个综合性电路。

1.计数器:包含分、秒计数六十进制和小时计数二十四进制,采用 74LS90 或 74LS290。74LS290 的内部是二分频和五分频电路,可以独立地进行二进制和五进制计数。同时从外部进行适当的连接,又可以构成十进制计数器。若将 Q_A 与 CP_2 连通,从 CP_1 输入计数脉冲,则其输出为 $Q_D Q_C Q_B Q_A$,构成 8421 码十进制计数器;若将 Q_D 与 CP_1 连通,CP_2 输入计数脉冲,则构成 5421 码十进制计数器,输出为 $Q_A Q_D Q_C Q_B$。由此可知,该芯片使用起来灵活方便。

2.译码器:种类很多,本实验提供 8421 二-十进制译码器 74LS48,引脚排列如图 2.5.1所示。74LS48 七段显示译码器,输出高电平有效。内部有驱动电路,输出可直接与发光二极管显示器相连接。配有辅助控制端,灭灯输入/动态灭灯输出端 BI/RBO(低电平有效),试灯输入端 LT(低电平有效)和动态灭零输入端 RBI(低电平有效)。当 LT 置"零"时进行试灯,输出端全为高电平。若输出端接七个阴极发光二极管,则全亮。因此,LT 端常用于检查 74LS48 本身是否损坏。常态时,$LT=1$。

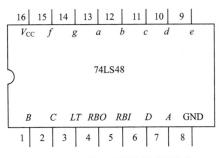

图 2.5.1　七段显示译码器引脚排列

3.显示器:由发光二极管组成的数码显示器,采用共阴极接法,引脚排列、共阴极接法和字符显示如图2.5.2所示。

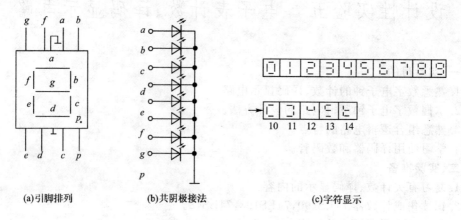

(a)引脚排列　　　　(b)共阴极接法　　　　(c)字符显示

图2.5.2　数码显示器的引脚排列、共阴极接法和字符显示

五、实验设计内容

1.设计时计数器。时计数器为二十四进制,用2片74LS290的异步清零功能和置9功能分别设计一套逻辑电路并在数字电路实验台上实测验证。

2.设计分、秒计数器。分、秒计数器为六十进制,用2片74LS192或2片74LS161设计秒表计数器并在数字电路实验台上实测验证。

3.设计电子表计时(二十四进制)电路。要求有计数、译码和显示的综合电路图。

4.设计电子表秒表(六十进制)电路。要求有计数、译码和显示的综合电路图。

六、实验设计要求

1.设计五套方案并画好逻辑电路图。

2.设计两个方案并对比说明。

3.写出设计、测试中的体会。

设计性实验六　自拟题目设计电路

一、实验目的

1.加强理论知识的深化理解和灵活运用。

2.发挥主观能动性,拓宽视野,丰富想象。

3.强化学生综合技能的培养。

二、实验准备

1.复习数字电路课堂用教材。

2.阅读数字电路设计的有关资料。

3.识读一些芯片和典型电路。

三、实验设备及元器件

1.数字电路实验台。

2.万用表。

3.双踪示波器。

4.元器件:实验室现有元器件清单(教师列出,供学生使用)。

四、实验原理

数字电路是电类专业的技术基础课,在奠定理论基础的同时,实践技能的培养也至关重要。本实验在加强知识运用、注重技能培养的前提下,让学生自己开动脑筋,提出设想,制订方案,设计出一套自己认为可行的电路。在这一过程中学生必须复习所学过的专业基础知识,查找相关资料,汇总后提出初步设想,几度推敲修改,再经教师审阅,在实验室进行修改、调试,从而使学生在实验中分析和解决问题的能力得到提高,思路得到拓宽,视野更加开阔。

五、实验设计内容

1.组合逻辑电路方面的设计,自拟题目。

2.时序逻辑电路方面的设计,自拟题目。

3.在数字系统中以上两方面综合设计,自拟题目。

4.脉冲数字电路设计,自拟题目。

六、实验设计要求

1.自选一项实验设计内容,多选不限。

2.写出完整的设计方案、方案说明、器件明细并绘出完整的电路图。

3.写出设计、调试过程中出现的问题和解决方法。

4.对实验的方式、方法提出建议。

设计性实验七　智力竞赛抢答装置

一、实验目的

1.学习数字电路中 D 触发器、分频电路、多谐振荡器、CP 时钟脉冲源等单元电路的综合运用。

2.熟悉智力竞赛抢答装置的工作原理。

3.了解简单数字系统实验、调试及故障排除方法。

二、实验原理

图 2.7.1 为供四人用的智力竞赛抢答装置电路原理图,用以判断抢答优先权。

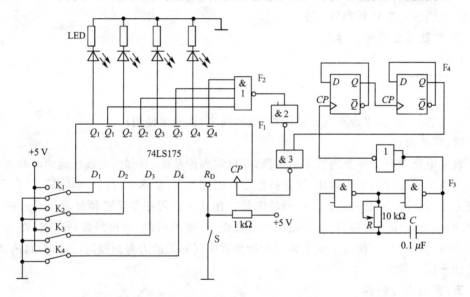

图 2.7.1　智力竞赛抢答装置电路原理图

图中 F_1 为四 D 触发器 74LS175,它具有公共置 0 端和公共 CP 端,引脚排列见附录 4;F_2 为二 4 输入与非门 74LS20;F_3 是由 74LS00 组成的多谐振荡器;F_4 是由 74LS74 组成的四分频电路;F_3、F_4 组成抢答电路中的 CP 时钟脉冲源。抢答开始时,由主持人清除信号,按下复位开关 S,74LS175 的输出 $Q_1 \sim Q_4$ 全为 0,所有发光二极管 LED 均熄灭。当主持人宣布"抢答开始"后,首先做出判断的参赛者立即按下开关,对应的发光二极管点亮,同时,通过与非门 F_2 送出信号锁住其余三个抢答者的电路,不再接收他们的信号,直到主持人再次清除信号为止。

三、实验设备及元器件

1.+5 V 直流电源。 　　　　2.逻辑电平开关。

3.逻辑电平显示器。 　　　　4.双踪示波器。

5.数字频率计。 　　　　6.直流数字电压表。

7.元器件:74LS175,74LS20,74LS74,74LS00。

四、实验设计内容

1.测试各触发器及各逻辑门的逻辑功能。

测试方法参照验证性实验二及实验十有关内容,判断器件的好坏。

2.按图 2.7.1 接线,抢答装置的五个开关接实验装置上的逻辑电平开关,发光二极管接逻辑电平显示器。

3.断开抢答电路中 CP 时钟脉冲源电路,单独对多谐振荡器 F_3 及分频器 F_4 进行调试,调整多谐振荡器的 $10\ k\Omega$ 电位器,使其输出脉冲频率约为 $4\ kHz$,观察 F_3 和 F_4 的输出波形并测试其频率。

4.测试抢答电路功能。

接通$+5\ V$电源,CP 端接实验装置上的连续脉冲源,取重复频率约 $1\ kHz$。

(1)抢答开始前,开关 K_1,K_2,K_3,K_4 均置"0"。准备抢答时,将开关 S 置"0",发光二极管全熄灭,再将 S 置"1"。抢答开始,K_1,K_2,K_3,K_4 任一开关置"1",观察发光二极管的亮、灭情况,然后再将其他三个开关中的任一个置"1",观察发光二极管的亮、灭是否改变。

(2)重复(1)的内容,改变 K_1,K_2,K_3,K_4 任一开关的状态,观察抢答电路的工作情况。

(3)整体测试。断开实验装置上的连续脉冲源,接入 F_3 及 F_4,再进行实验。

五、实验拓展

若在图 2.7.1 的电路中加一个计时功能,要求计时电路显示时间精确到秒,最多限时 2 分钟,一旦超出限时,则取消抢答权,那么电路应如何改进?

六、实验报告

1.分析智力竞赛抢答装置各部分的功能及工作原理。

2.总结数字系统的设计、调试方法。

3.分析实验中出现的故障并写出解决办法。

设计性实验八　电子秒表

一、实验目的

1. 学习数字电路中基本 RS 触发器、单稳态触发器、时钟发生器及计数、译码显示电路等单元电路的综合应用。

2. 学习电子秒表的调试方法。

二、实验原理

图 2.8.1 为电子秒表的原理图。按功能可分成四个单元电路进行分析。

1. 基本 RS 触发器

图 2.8.1 中单元 I 为由集成与非门构成的基本 RS 触发器，是低电平直接触发的触发器，有直接置数、清零功能。

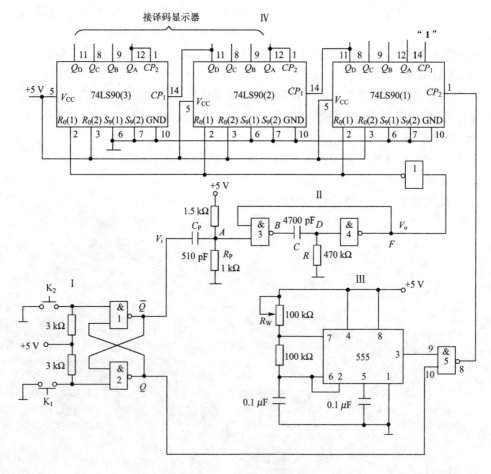

图 2.8.1　电子秒表原理图

它的一路输出 $\overline{Q}$ 作为单稳态触发器的输入,另一路输出 Q 作为与非门 5 的输入控制信号。

按动按钮开关 K_2(接地),则与非门 1 输出 $\overline{Q}=1$,与非门 2 输出 $Q=0$;K_2 复位后,Q、$\overline{Q}$ 状态保持不变。再按动按钮开关 K_1,则 Q 由 0 变为 1,与非门 5 开启,为计数器启动做好准备。$\overline{Q}$ 由 1 变 0,送出负脉冲,使单稳态触发器启动开始工作。

基本 RS 触发器在电子秒表中的功能是启动和停止秒表的工作。

2. 单稳态触发器

图 2.8.1 中单元 Ⅱ 为由集成与非门构成的微分型单稳态触发器,图 2.8.2 为各点波形图。

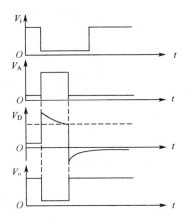

图 2.8.2 单稳态触发器波形图

单稳态触发器的输入信号(负脉冲触发信号 V_i)由基本 RS 触发器 $\overline{Q}$ 端提供,输出负脉冲 V_o 通过非门加到计数器的清除端 $R_0(1)$。

静态时,与非门 4 应处于截止状态,故电阻 R 必须小于与非门的关门电阻 R_{off}。定时元件 R 和 C 取值不同,输出脉冲宽度也不同。当触发脉冲宽度小于输出脉冲宽度时,可以省去输入微分电路的 R_P 和 C_P。

单稳态触发器在电子秒表中的功能是为计数器提供清零信号。

3. 时钟发生器

图 2.8.1 中单元 Ⅲ 为由 555 定时器构成的多谐振荡器,是一种性能较好的时钟源。

调节电位器 R_w,使输出端 3 获得频率为 50 Hz 的矩形波信号,当基本 RS 触发器 $Q=1$ 时,与非门 5 开启,此时 50 Hz 脉冲信号通过与非门 5 作为计数脉冲加于计数器(1)的计数输入端 CP_2。

4. 计数、译码显示电路

二-五-十进制加法计数器 74LS90 构成电子秒表的计数单元,如图 2.8.1 中单元 Ⅳ 所示。其中计数器(1)接成五进制形式,对频率为 50 Hz 的时钟脉冲进行五分频,在输出端 Q_D 输出周期为 0.1 s 的矩形脉冲,作为计数器(2)的时钟输入。计数器(2)及计数器(3)接成 8421BCD 码十进制形式,其输出端与实验装置上译码显示单元的相应输入端连接,可显示 0.1~0.9 s 和 1~9.9 s 计时。

注：集成异步计数器 74LS90

74LS90 是异步二-五-十进制加法计数器，它既可以做二进制加法计数器，又可以做五进制和十进制加法计数器。

图 2.8.3 为 74LS90 引脚排列图，表 2.8.1 为功能表。

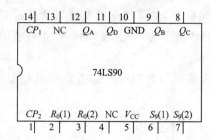

图 2.8.3　74LS90 引脚排列

表 2.8.1　　　　　　　　　74LS90 功能表

输　　入						输　　出				功　能
清　零		置　9		时　钟						
$R_0(1)$	$R_0(2)$	$S_9(1)$	$S_9(2)$	CP_1	CP_2	Q_D	Q_C	Q_B	Q_A	
1	1	0	×	×	×	0	0	0	0	清　零
		×	0							
0	×	1	1	×	×	1	0	0	1	置　9
×	0									
0	×	0	×	↓	1	Q_A 输 出				二进制计数
×	0	0	×	1	↓	Q_D,Q_C,Q_B 输出				五进制计数
				↓	Q_A	Q_D,Q_C,Q_B,Q_A 输出 8421BCD 码				十进制计数
				Q_D	↓	Q_A,Q_D,Q_C,Q_B 输出 5421BCD 码				十进制计数
				1	1	不　变				保　持

通过不同的连接方式，74LS90 可以实现四种不同的逻辑功能；而且还可借助 $R_0(1)$，$R_0(2)$ 对计数器清零，借助 $S_9(1)$，$S_9(2)$ 将计数器置 9。其具体功能详述如下：

(1)若计数脉冲从 CP_1 输入，Q_A 作为输出端，则构成二进制计数器。

(2)若计数脉冲从 CP_2 输入，Q_D，Q_C，Q_B 作为输出端，则构成异步五进制加法计数器。

(3)若将 CP_2 和 Q_A 相连，计数脉冲由 CP_1 输入，Q_D，Q_C，Q_B，Q_A 作为输出端，则构成异步 8421BCD 码十进制加法计数器。

(4)若将 CP_1 与 Q_D 相连，计数脉冲由 CP_2 输入，Q_A，Q_D，Q_C，Q_B 作为输出端，则构成异步 5421BCD 码十进制加法计数器。

(5)异步清零、置 9 功能。

①异步清零

当 $R_0(1)$，$R_0(2)$ 均为"1"，$S_9(1)$，$S_9(2)$ 中有"0"时，实现异步清零功能，即 $Q_DQ_CQ_BQ_A=0000$。

②置 9 功能

当 $S_9(1)$，$S_9(2)$ 均为"1"，$R_0(1)$，$R_0(2)$ 中有"0"时，实现置 9 功能，即 $Q_DQ_CQ_BQ_A=1001$。

三、实验设备及元器件

1.＋5 V 直流电源。　　　　　　　　　2.双踪示波器。

3.直流数字电压表。　　　　　　　　　4.数字频率计。

5.单次脉冲源。　　　　　　　　　　　6.连续脉冲源。

7.逻辑电平开关。　　　　　　　　　　8.逻辑电平显示器。

9.译码显示器。　　　　　　　　　　10.元器件:74LS00×2,555×1,74LS90×3,电位器、电阻、电容若干。

四、实验设计内容

由于实验电路中使用器件较多,实验前必须合理安排各器件在实验装置上的位置,使电路逻辑清楚,接线较短。

实验时,应按照实验任务的次序,将各单元电路逐个进行接线和调试,即分别测试基本 RS 触发器、单稳态触发器、时钟发生器及计数、译码显示电路的逻辑功能,待各单元电路工作正常后,再将有关电路逐级连接起来进行测试,直到测试电子秒表整个电路的功能。

这样的测试方法有利于检查和排除故障,保证实验顺利进行。

1.基本 RS 触发器的测试

测试方法参考验证性实验九。

2.单稳态触发器的测试

(1)静态测试

用直流数字电压表测量 A,B,D,F 各点电位值。记录之。

(2)动态测试

输入端接 1 kHz 连续脉冲源,用示波器观察并描绘 D 点(V_D)、F 点(V_0)波形,如嫌单稳态触发器输出脉冲持续时间太短,难以观察,可适当加大微分电容 C(如改为 $0.1\ \mu F$),待测试完毕,再恢复成 4700 pF。

3.时钟发生器的测试

用示波器观察输出电压波形并测量其频率,调节 R_w,使输出矩形波频率为 50 Hz。

4.计数器的测试

(1)将计数器(1)接成五进制形式,$R_0(1),R_0(2),S_9(1),S_9(2)$接逻辑电平开关输出插口,$CP_2$ 接单次脉冲源,CP_1 接高电平"1",$Q_D\sim Q_A$ 接实验装置上译码显示输入端 D,C,B,A,按表 2.8.1 测试其逻辑功能,记录之。

(2)将计数器(2)及计数器(3)接成 8421BCD 码十进制形式,同内容(1)进行逻辑功能测试。记录之。

(3)将计数器(1)、(2)、(3)级联,进行逻辑功能测试。记录之。

5.电子秒表的整体测试

各单元电路测试正常后,按图 2.8.1 把几个单元电路连接起来,进行电子秒表的整体测试。

先按一下按钮开关 K_2,此时电子秒表不工作,再按一下按钮开关 K_1,则计数器清零后便开始计时,观察数码管显示计数情况是否正常,如不需要计时或暂停计时,按一下按钮开关 K_2,计时立即停止,但数码管保留此时的数值。

6.电子秒表准确度的测试

利用电子钟或手表的秒计时对电子秒表进行校准。

五、实验报告

1.总结电子秒表整个调试过程。

2.分析调试中发现的问题并写出故障排除方法。

六、预习报告

1.复习数字电路中基本 RS 触发器、单稳态触发器、时钟发生器及计数器等部分的内容。

2.除了本实验中所采用的时钟源外,选用另外两种不同类型的时钟源,供本实验用。画出电路图,选取元器件。

3.列出电子秒表单元电路的测试表格。

4.列出调试电子秒表的步骤。

设计性实验九 数字频率计

数字频率计用于测量信号(方波、正弦波或其他脉冲信号)的频率,并用十进制数字显示,它具有精度高、测量迅速、读数方便等优点。

一、数字频率计的工作原理

脉冲信号的频率就是在单位时间内所产生的脉冲个数,其表达式为 $f = N/T$,其中 f 为被测信号的频率,N 为计数器所累计的脉冲个数,T 为产生 N 个脉冲所需的时间。计数器所记录的结果,就是被测信号的频率。如在 1 s 内记录 1000 个脉冲,则被测信号的频率为 1000 Hz。

本实验仅讨论一种简单易制的数字频率计,其原理框图如图 2.9.1 所示。

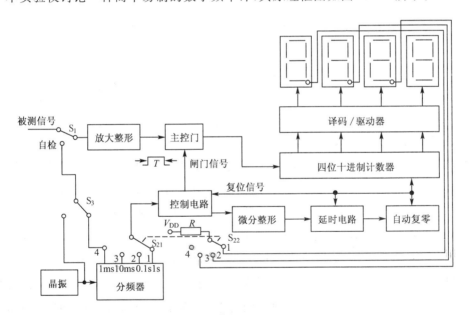

图 2.9.1 数字频率计原理框图

晶振产生较高的标准频率,经分频器分频后可获得各种时基脉冲(1 ms,10 ms,0.1 s,1 s 等),时基信号的选择由开关 S_2 控制。被测频率的输入信号经放大整形后变成矩形脉冲加到主控门的输入端,如果被测信号为方波,可以不须放大整形,将被测信号直接加到主控门的输入端即可。时基信号经控制电路产生闸门信号至主控门,只有在闸门信号采样期间(时基信号的一个周期),输入信号才通过主控门。若时基信号的周期为 T,进入计数器的输入脉冲数为 N,则被测信号的频率 $f = N/T$,改变时基信号的周期 T,即可得到不同的测频范围。当主控门关闭时,计数器停止计数,显示器显示记录结果。此时控制电路输出一个置零信号,经延时、整形电路后,当达到所调节的延时时间时,延时电路输出一个复位信号,将计数器和所有的触发器置 0,为后续再一次取样做好准备,即能锁住本次显示的时间,保留到接收新的取样为止。

当开关 S_2 改变量程时,小数点能自动移位。

若开关 S_1,S_3 配合使用,可将测试状态转为"自检"工作状态(即用时基信号本身作为被测信号输入)。

二、有关单元电路的设计及工作原理

1. 控制电路

控制电路与主控门电路如图 2.9.2 所示。

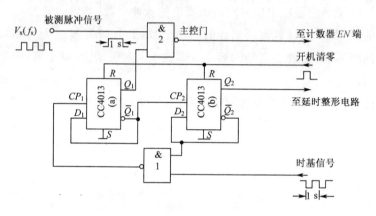

图 2.9.2　控制电路与主控门电路

主控门电路由双 D 触发器 CC4013 及与非门 CC4011 构成。CC4013(a) 的任务是输出闸门控制信号,以控制主控门 2 的开启与关闭。如果通过开关 S_2 选择一个时基信号,当给与非门 1 输入一个时基信号的下降沿时,与非门 1 就输出一个上升沿,CC4013(a) 的 Q_1 端就由低电平变为高电平,将主控门 2 开启,允许被测信号通过该主控门,同时将其送至计数器输入端进行计数。相隔 1 s(或 0.1 s,10 ms,1 ms)后,又给与非门 1 输入一个时基信号的下降沿,与非门 1 输出端又产生一个上升沿,使 CC4013(a) 的 Q_1 端变为低电平,将主控门 2 关闭,使计数器停止计数,同时 $\overline{Q}_1$ 端产生一个上升沿,使 CC4013(b) 输出波形翻转,$Q_2=1,\overline{Q}_2=0$。由于 $\overline{Q}_2=0$,它立即封锁与非门 1 不再让时基信号进入 CC4013(a),保证在显示读数的时间内 Q_1 端始终保持低电平,计数器停止计数。

将 Q_2 端的上升沿送到下一级的延时、整形电路。当到达所调节的延时时间时,延时电路输出端立即输出一个正脉冲,将计数器和所有 D 触发器全部清零。复位后,$Q_1=0$,$\overline{Q}_1=1$,为下一次测量做好准备。当时基信号又产生下降沿时,上述过程重复进行。

2. 微分、整形电路

电路如图 2.9.3 所示。CC4013(b) 的 Q_2 端所产生的上升沿经微分电路后,送到由与非门 CC4011 组成的斯密特整形电路的输入端,在其输出端可得到一个边沿十分陡峭且具有一定脉冲宽度的负脉冲,然后将其送至下一级延时电路。

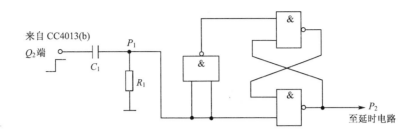

图 2.9.3　微分、整形电路

3. 延时电路

延时电路由 D 触发器 CC4013(c)、积分电路(由电位器 R_{W1} 和电容器 C_2 组成)、与非门 3 以及单稳态电路组成,如图 2.9.4 所示。由于 CC4013(c) 的 D_3 端接 V_{DD},所以,在 P_2 点所产生的上升沿作用下,CC4013(c) 输出波形翻转,翻转后 $\overline{Q}_3 = 0$。由于开机置"0"时或门 1(见图 2.9.5)输出的正脉冲将 CC4013(c) 的 Q_3 端置"0",所以 $\overline{Q}_3 = 1$,二极管 2AP9 迅速给电容 C_2 充电,使 C_2 两端的电压达到"1"电平,而此时 $\overline{Q}_3 = 0$,电容器 C_2 经电位器 R_{W1} 缓慢放电。当电容器 C_2 上的电压经放电降至与非门 3 的阈值电平 V_T 时,与非门 3 的输出端立即产生一个上升沿,触发下一级单稳态电路。此时,P_3 点输出一个正脉冲,该脉冲宽度主要取决于时间常数 $R_t C_t$ 的值,延时时间为上一级电路的延时时间与这一级电路的延时时间之和。

由实验求得,如果电位器 R_{W1} 用 510 Ω 的电阻代替,C_2 取 3 μF,则总的延时时间也就是显示器所显示的时间为 3 s 左右。如果电位器 R_{W1} 用 2 MΩ 的电阻代替,C_2 取 22 μF,则显示时间为 10 s 左右。可见,调节电位器 R_{W1} 可以改变显示时间。

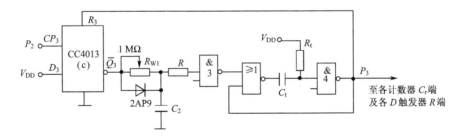

图 2.9.4　延时电路

4. 自动清零电路

P_3 点产生的正脉冲送到图 2.9.5 所示的由或门组成的自动清零电路,将各计数器及所有的触发器置零。在复位脉冲的作用下,$Q_3 = 0$,$\overline{Q}_1 = 1$,于是 $\overline{Q}_3$ 端的高电平经二极管 2AP9 再次对电容 C_2 充电,补上刚才放掉的电荷,使 C_2 两端的电压恢复为高电平,又因为 CC4013(b) 复位后使 Q_2 再次变为高电平,所以与非门 1 又被开启,电路重复上述变化过程。

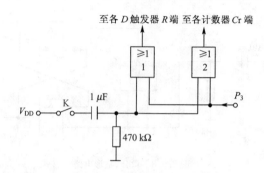

图 2.9.5　自动清零电路

三、设计任务和要求

使用中小规模集成电路设计与制作一台简易的数字频率计。应具有下述功能：

1. 位数。

计数位数主要取决于被测信号频率的高低，如果被测信号频率较高，精度又较高，就可相应增加显示位数。本实验中计 4 位十进制数。

2. 量程。

第一挡：最小量程挡，最大读数是 9.999 kHz，闸门信号的采样时间为 1 s。

第二挡：最大读数为 99.99 kHz，闸门信号的采样时间为 0.1 s。

第三挡：最大读数为 999.9 kHz，闸门信号的采样时间为 10 ms。

第四挡：最大读数为 9999 kHz，闸门信号的采样时间为 1 ms。

3. 显示方式。

（1）用七段 LED 数码管显示读数，做到显示稳定、不跳变。

（2）小数点的位置跟随量程的变更而自动移位。

（3）为了便于读数，要求数据显示的时间在 0.5～5 s 内连续可调。

4. 具有"自检"功能。

5. 被测信号为方波信号。

6. 画出设计的数字频率计的电路总图。

7. 组装和调试。

（1）时基信号通常使用石英晶体振荡器输出的标准频率信号经分频电路获得。为了实验调试方便，可用实验装置上脉冲信号源输出的 1 kHz 方波信号经 3 次 10 分频获得。

（2）按设计的数字频率计逻辑图在实验装置上布线。

（3）将 1 kHz 方波信号送入分频器的 CP 端，用数字频率计检查各分频级的工作是否正常。用周期为 1 s 的信号做控制电路的时基信号输入，用周期为 1 ms 的信号做被测信号，用双踪示波器观察和记录控制电路输入、输出波形，检查控制电路所产生的各控制信号能否按正确的时序要求控制各个子系统。将周期为 1 s 的信号送入各计数器的 CP 端，用发光二极管指示各计数器的工作是否正常。将周期为 1 s 的信号作为延时及微分、整形电路的输入，将两只发光二极管作为指示灯，检查延时及微分、整形电路的输入。将另外两只发光二极管作为指示灯,检查延时及微分、整形电路的工作是否正常。若各个子系统的工作都正常,再将各子系统连起来统调。

8.调试合格后,写出综合实验报告。

四、实验设备及元器件

1.＋5 V 直流电源。　　　　　2.双踪示波器。

3.连续脉冲源。　　　　　　4.逻辑电平显示器。

5.直流数字电压表。　　　　6.数字频率计。

7.主要元器件(供参考):

CC4518(二-十进制同步计数器)	4 只
CC4553(三位十进制计数器)	2 只
CC4013(双 D 触发器)	2 只
CC4011(四 2 输入与非门)	2 只
CC4069(六反相器)	1 只
CC4001(四 2 输入或非门)	1 只
CC4071(四 2 输入或门)	1 只
2AP9(二极管)	1 只
电位器(1 MΩ)	1 只
电阻、电容	若干

CC4553 三位十进制计数器引脚排列及功能(图 2.9.6,表 2.9.1)。

表 2.9.1　CC4553 功能表

输入				输出
R	CP	INH	LE	
0	↑	0	0	不 变
0	↓	0	0	计 数
0	×	1	×	不 变
0	1	↑	0	计 数
0	1	↓	0	不 变
0	0	×	×	不 变
0	×	×	↑	锁 存
0	×	×	1	锁 存
1	×	×	0	$Q_0 \sim Q_3 = 0$

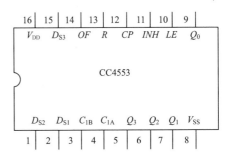

CP:时钟输入端　　INH:时钟禁止端

LE:锁存允许端　　R:清除端

$DS_1 \sim DS_3$:数据选择输出端

OF:溢出输出端

C_{1A}, C_{1B}:振荡器外接电容端

$Q_0 \sim Q_3$:BCD 码输出端

图 2.9.6　CC4553 引脚排列及功能

注:若测量的频率范围低于 1 MHz,分辨率为 1 Hz,建议采用如图 2.9.7 所示的电路,只要选择参数正确,连线无误,通电后即能正常工作,无须调试。有关它的工作原理留给同学们自行研究分析。

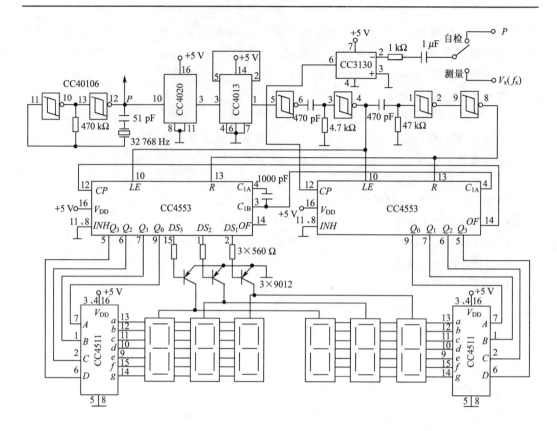

图 2.9.7　0～999 999 Hz 数字频率计电路图

设计性实验十　拔河游戏机

一、实验任务

给定实验设备和主要元器件,将电路的各部分组合成一个完整的拔河游戏机。

1.拔河游戏机需用 15 个(或 9 个)发光二极管排列成一行,开机后只有中间一个点亮,以此作为拔河的中心线,游戏双方各持一个按键,迅速地、不间断地按动按键产生脉冲,谁按得快,亮点向谁方向移动,每按一次亮点移动一次。亮点移到任一方终端即终端二极管点亮,这一方就得胜,此时双方按键均无作用,输出保持,只有经复位后才使亮点恢复到中心线处。

2.显示器显示胜者的盘数。

二、实验电路

1.实验电路框图如图 2.10.1 所示。

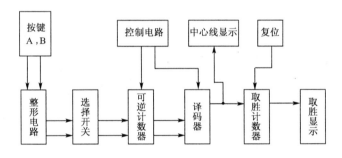

图 2.10.1　拔河游戏机电路框图

2.整机电路图如图 2.10.2 所示。

三、实验设备及元器件

1.＋5 V 直流电源。

2.译码器。

3.逻辑电平开关。

4.CC4514　　　4 线-16 线译码/分配器

　CC40193　　同步递增/递减二进制计数器

　CC4518　　　十进制计数器

　CC4081　　　与门

　CC4011×3　　与非门

　CC4030　　　异或门

　电阻 1 kΩ×4

四、实验设计内容

图 2.10.2 为拔河游戏机整机电路图。

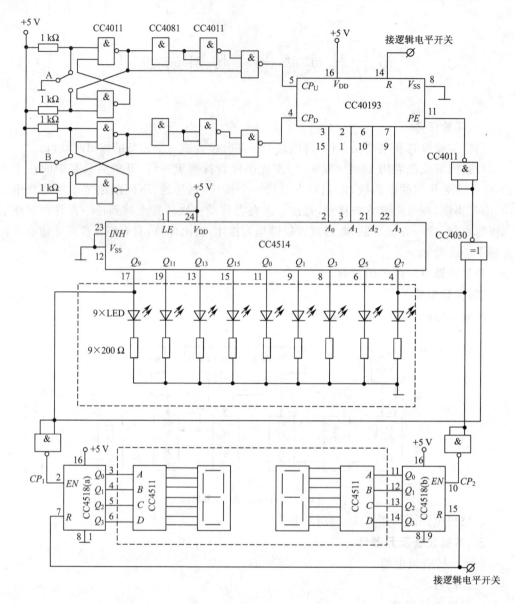

图 2.10.2　拔河游戏机整机电路图

可逆计数器 CC40193 初始状态输出 4 位二进制数 0000,经译码器输出使中间的一只发光二极管点亮。当按动 A,B 两个按键时,分别产生两个脉冲信号,经整形后分别加到可逆计数器上,可逆计数器输出的代码经译码器译码后驱动发光二极管点亮并产生位移,当亮点移到任一方终端后,由于控制电路的作用,使这一状态被锁定,而对输入脉冲不起作用。如按动复位键,亮点又回到中点位置,比赛又可重新开始。

将双方终端二极管的正端分别经两个与非门后接至两个十进制计数器 CC4518 的允许控制端 EN,当任一方取胜,该方终端二极管点亮,产生一个下降沿,使其对应的计数器计数。这样,计数器的输出就显示了胜者取胜的盘数。

1. 编码电路

编码器有两个输入端,四个输出端,要进行加/减计数,因此选用 CC40193 双时钟二进制同步加/减计数器来完成。

2. 整形电路

CC40193 是可逆计数器,控制加/减的 CP 脉冲分别加至 5 脚和 4 脚,此时当电路要求进行加法计数时,减法输入端 CP_D 必须接高电平;进行减法计数时,加法输入端 CP_U 也必须接高电平。若直接将 A,B 键产生的脉冲加到 5 脚或 4 脚,那么就有很多机会使另一计数输入端在进行计数输入时为低电平,使计数器不能计数,双方按键均失去作用,拔河比赛不能正常进行。加一整形电路,使 A,B 键输出的脉冲经整形后变为一个占空比很大的脉冲,这样就减少了进行某一计数时另一计数的输入端为低电平的可能性,从而每按一次键都能进行有效的计数。整形电路由与门 CC4081 和与非门 CC4011 实现。

3. 译码电路

选用 4 线-16 线 CC4514 译码器。译码器的输出端 $Q_0 \sim Q_{14}$ 分别接 15 个(或 9 个)发光二极管,二极管的负端接地,而正端接译码器。这样,当输出端为高电平时发光二极管点亮。

准备比赛时,译码器输入为 0000,Q_0 输出为"1",中心处二极管首先点亮。当编码器进行加法计数时,亮点向右移;进行减法计数时,亮点向左移。

4. 控制电路

为指明谁胜谁负,需要一个控制电路。当亮点移到任一方的终端时,判该方为胜,此时双方的按键均无效。此电路可用异或门 CC4030 和与非门 CC4011 来实现。将双方终端二极管的正极接至异或门的两个输入端,获胜一方为"1",而另一方则为"0",异或门输出为"1",经与非门产生低电平"0",再送到 CC40193 计数器的置数端 PE,于是计数器停止计数,处于预置状态。由于计数器数据端 A,B,C,D 和输出端 Q_0,Q_1,Q_2,Q_3 对应相连,输入端也就是输出端,从而使计数器对输入脉冲不起作用。

5. 胜负显示

将双方终端二极管的正极经与非门后的输出信号分别送入两个 CC4518 计数器的 EN 端,CC4518 的两组 4 位 BCD 码分别送入实验装置的两组译码显示器的 A,B,C,D 插口。当一方取胜时,该方终端二极管发亮,产生一个上升沿,使相应的计数器进行加一计数,于是就得到了双方取胜次数的显示,若一位数不够,则进行级联构成两位数。

6. 复位

为能进行多次比赛而需要进行复位操作,使亮点返回中心点,用一个开关控制 CC40193 的清零端 R 即可。

胜负显示器的复位也应用一个开关来控制胜负计数器 CC4518 的清零端 R,使其重新计数。

五、实验报告

讨论实验结果,总结实验收获。

注:

1. CC40193 同步递增/递减二进制计数器的引脚排列及功能

参照验证性实验九中的 CC40192。

2. CC4514 4 线-16 线译码器的引脚排列及功能(图 2.10.3,表 2.10.1)

$A_0 \sim A_3$— 数据输入端

INH—输出禁止控制端

LE—数据锁存控制端

$Y_0 \sim Y_{15}$—数据输出端

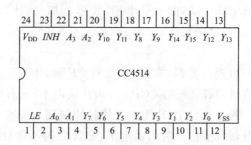

图 2.10.3　CC4514 引脚排列及功能

表 2.10.1　　　　　CC4514 功能表

	输		入			高电平输出端			输		入			高电平输出端
LE	INH	A_3	A_2	A_1	A_0		LE	INH	A_3	A_2	A_1	A_0	
1	0	0	0	0	0	Y_0	1	0	1	0	0	1	Y_9
1	0	0	0	0	1	Y_1	1	0	1	0	1	0	Y_{10}
1	0	0	0	1	0	Y_2	1	0	1	0	1	1	Y_{11}
1	0	0	0	1	1	Y_3	1	0	1	1	0	0	Y_{12}
1	0	0	1	0	0	Y_4	1	0	1	1	0	1	Y_{13}
1	0	0	1	0	1	Y_5	1	0	1	1	1	0	Y_{14}
1	0	0	1	1	0	Y_6	1	0	1	1	1	1	Y_{15}
1	0	0	1	1	1	Y_7	1	1	×	×	×	×	无
1	0	1	0	0	0	Y_8	0	0	×	×	×	×	①

①:输出状态锁定在上一个 LE="1"时,$A_0 \sim A_3$ 的输入状态。

3. CC4518 双十进制同步计数器的引脚排列及功能(图 2.10.4,表 2.10.2)

$1CP,2CP$—时钟输入端

$1R,2R$—清除端

$1EN,2EN$—计数允许控制端

$1Q_0 \sim 1Q_3$—计数器输出端

$2Q_0 \sim 2Q_3$—计数器输出端

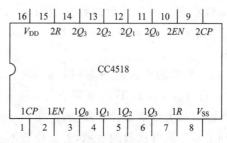

图 2.10.4　CC4518 引脚排列及功能

表 2.10.2　　CC4518 功能表

	输 入		输出功能
CP	R	EN	
↑	0	1	加 计 数
0	0	↓	
↓	0	×	保　　持
×	0	↑	
↑	0	0	
1	0	↓	
×	1	×	全部为"0"

设计性实验十一 随机存取存储器 2114A 及其应用

一、实验目的

了解集成随机存取存储器 2114A 的工作原理，通过实验熟悉它的工作特性、使用方法及其应用。

二、实验原理

（一）随机存取存储器（RAM）

随机存取存储器（RAM），又称读写存储器，它能存储数据、指令、中间结果等信息。在该存储器中，任何一个存储单元都能以随机次序迅速地存入（写入）信息或取出（读出）信息。随机存取存储器具有记忆功能，但停电（断电）后，所存信息（数据）会消失，不利于数据的长期保存，所以多用于中间过程暂存信息。

1. RAM 的结构和工作原理

图 2.11.1 是 RAM 的基本结构图，它主要由存储单元矩阵、地址译码器和读/写控制电路三部分组成。

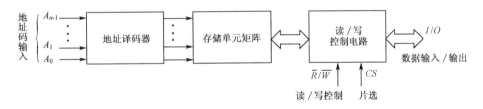

图 2.11.1 RAM 的基本结构图

（1）存储单元矩阵

存储单元矩阵是 RAM 的主体，一个 RAM 由若干个存储单元组成，每个存储单元可存放一位二进制数或一位二元代码。为了存取方便，通常将存储单元设计成矩阵形式，所以称为存储矩阵。存储器中的存储单元越多，存储的信息就越多，该存储器容量就越大。

（2）地址译码器

为了对存储矩阵中的某个存储单元进行读出或写入信息操作，必须首先对每个存储单元所在的位置（地址）进行编码，然后当输入一个地址码时，就可利用地址译码器找到存储矩阵中相应的一个（或一组）存储单元，以便通过读/写控制，对选中的一个（或一组）单元进行读出或写入信息操作。

（3）读/写控制电路

由于集成度的限制，大容量的 RAM 往往由若干片 RAM 组成。当需要对某一个（或一组）存储单元进行读出或写入信息操作时，必须首先通过片选 CS 信号选中某一片（或几片），然后利用地址译码器才能找到对应的具体存储单元，以便读/写控制信号对该片（或几片）RAM 的对应单元进行读出或写入信息操作。

除了上面介绍的三个主要部分外，RAM 常采用三态门作为输出缓冲电路。

MOS 随机存取存储器有动态 RAM(DRAM)和静态 RAM(SRAM)两类。DRAM 利用存储单元中的电容暂存信息,由于电容上的电荷会泄漏,故需定时充电(通称刷新)。SRAM 的存储单元是触发器,记忆时间不受限制,无须刷新。

2.2114A 静态随机存取存储器

2114A 是一种 1024 字×4 位的静态随机存取存储器,采用 HMOS 工艺制作,它的逻辑框图、引脚排列及图形符号如图 2.11.2 所示,表 2.11.1 是引出端功能表。

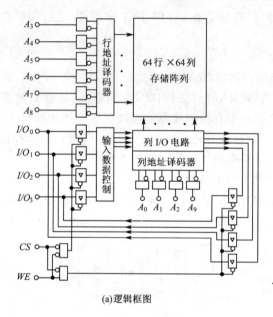

(a)逻辑框图

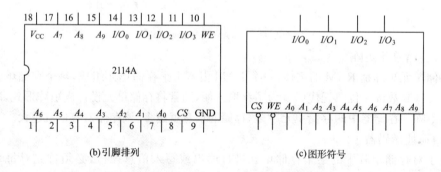

(b)引脚排列　　　　　　　　　　　　(c)图形符号

图 2.11.2　2114A 随机存取存储器

其中,有 4096 个存储单元排列成 64×64 矩阵。采用两个地址译码器,行译码器(A_3 ～A_8)输出 X_0～X_{63},从 64 行中选出指定的一行,列译码器(A_0,A_1,A_2,A_9)输出 Y_0～Y_{15},再从已选定的一行中选出 4 个存储单元进行读/写操作。I/O_0～I/O_3 既是数据输入端,又是数据输出端;CS 为片选端,接收信号为片选信号;WE 是写使能端,控制器件的读/写操作。表 2.11.2 是器件的功能表。

(1)当器件要进行读操作时,首先输入要读出单元的地址码(A_0～A_9),并使 $WE=1$,给定地址的存储单元内容(4 位)就经读/写控制传送到三态输出缓冲器,而且只能在 $CS=0$ 时才能把读出的数据送到引脚(I/O_0～I/O_3)上。

表 2.11.1	2114A 引出端功能表
端　名	功　能
$A_0 \sim A_9$	地址输入端
WE	写使能端
CS	芯片选择
$I/O_0 \sim I/O_3$	数据输入/输出端
V_{CC}	+5 V

表 2.11.2	2114A 功能表		
地　址	CS	WE	$I/O_0 \sim I/O_3$
有　效	1	×	高阻态
有　效	0	1	读出数据
有　效	0	0	写入数据

(2)当器件要进行写操作时,在 $I/O_0 \sim I/O_3$ 端输入要写入的数据,在 $A_0 \sim A_9$ 端输入要写入单元的地址码,然后再使 $WE=0$,$CS=0$。必须注意的是,在$CS=0$时,WE输入一个负脉冲,则能写入信息;同样,$WE=0$ 时,CS输入一个负脉冲,也能写入信息。因此,在地址码改变期间,WE或CS必须至少有一个为 1,否则会引起误写入,覆盖原来的内容。为了确保数据能可靠地写入,写脉冲宽度 t_{WP} 必须大于或等于芯片手册所规定的时间区间,当写脉冲结束时,就标志这次写操作结束。

2114A 具有下列特点:

(1)采用直接耦合的静态电路,不需要时钟信号驱动,也不需要刷新。

(2)不需要地址建立时间,存取特别简单。

(3)输入、输出同极性,读出是非破坏性的,使用公共的 I/O 端,能直接与系统总线相连。

(4)使用单电源+5 V供电,输入、输出与 TTL 电路兼容,输出能驱动一个 TTL 门和 $C_L = 100$ pF 的负载($I_{OL} \approx 2.1 \sim 6$ mA,$I_{OH} \approx -1.0 \sim -1.4$ mA)。

(5)具有独立的片选功能和三态输出。

(6)器件具有高速与低功耗特性。

(7)读/写周期均小于 250 ns。

随机存取存储器种类很多,2114A 是一种常用的静态存取存储器,是 2114 的改进型。实验中也可以使用其他型号的随机存取存储器。如 6116 是一种使用较广的 2048×8 的静态随机存取存储器,它的使用方法与 2114A 相似,仅多了一个 DE 输出使能端,当 $DE=0$,$CS=0$,$WE=1$ 时,读出存储器内的信息;在$DE=1$,$CS=0$,$WE=0$ 时,则把信息写入存储器。

(二)只读存储器(ROM)

只读存储器(ROM),只能进行读出操作,不能写入数据。

只读存储器可分为固定内容只读存储器(ROM),可编程只读存储器(PROM)和可抹编程只读存储器(EPROM)三大类。可抹编程只读存储器又分为紫外光抹除可编程只读存储器(EPROM)、电可抹编程只读存储器(EEPROM)和电改写编程只读存储器(EAPROM)等种类。由于 EEPROM 的改写编程更方便,所以深受用户欢迎。

1.固定内容只读存储器(ROM)

ROM 的结构与随机存取存储器(RAM)相似,主要由地址译码器和存储单元矩阵组成,不同之处是 ROM 没有写入电路。在 ROM 中,地址译码器构成一个与门阵列,存储单元矩阵构成一个或门阵列。输入与输出地址码之间的关系是固定不变的,出厂前厂家已采用掩模编程的方法将存储单元矩阵中的内容固定,用户无法更改,所以只要给定一个地址码,就有一个相应的固定数据输出。只读存储器往往还有附加的输入驱动器和输出缓冲电路。

2. 可抹编程只读存储器(EPROM)

可编程只读存储器(PROM)只能进行一次编程,一经编程后,其内容就是永久性的,无法更改,用户进行设计时,常常带来很大风险,而可抹编程只读存储器(EPROM)[或称可再编程只读存储器(RPROM)],可多次将存储器的存储内容抹去,再写入新的信息。

EPROM 可多次编程,但每次再编程写入新的内容之前,都必须采用紫外光照射以抹除存储器中原有的信息,给用户带来了一些麻烦。而另一种电可抹编程只读存储器(EEPROM),它的编程和抹除是同时进行的,因此每次编程,就以新的信息代替原来存储的信息。特别是一些 EEPROM 可在工作电压下进行随时改写,该特点类似随机存取存储器(RAM)的功能,只是写入时间长些(大约 20 ns)。断电后,写入 EEPROM 中的信息可长期保持不变。这些优点使得 EEPROM 广泛用于设计和开发产品,特别是现场实时检测和记录,备受用户青睐。

(三)用 2114A 静态随机存取存储器实现数据的随机存取及顺序存取

图 2.11.3 为电路原理图,为实验接线方便,又不影响实验效果,2114A 中地址输入端保留前 4 位($A_0 \sim A_3$),其余输入端($A_4 \sim A_9$)均接地。

1. 用 2114A 实现静态随机存取

如图 2.11.3 中的单元Ⅲ所示:

电路由三部分组成:①由与非门组成的基本 RS 触发器与反相器,控制电路的读/写操作;②由 2114A 组成的静态 RAM;③由 74LS244 三态门缓冲器组成的数据输入/输出缓冲和锁存电路。

(1)当电路要进行写操作时,输入要写入单元的地址码($A_0 \sim A_3$)或使单元地址处于随机状态;RS 触发器控制端 S 接高电平,触发器置"0",$Q=0$,$EN_A=0$,打开了输入三态门缓冲器 74LS244,要写入的数据($abcd$)经缓冲器送至 2114A 的输入端($I/O_0 \sim I/O_3$)。由于此时$CS=0$,$WE=0$,所以便将数据写入了 2114A 中,为了确保数据能可靠地写入,写脉冲宽度t_{wp}必须大于或等于芯片手册所规定的时间区间。

(2)当电路要进行读操作时,输入要读出单元的地址码(保持写操作时的地址码);RS 触发器控制端 S 接低电平,触发器置"1",$Q=1$,$EN_B=0$,打开了输出三态门缓冲器 74LS244。由于此时$CS=0$,$WE=1$,要读出的数据($abcd$)便由 2114A 内经缓冲器送至 ABCD 输出,并在译码器上显示出来。

注:如果是随机存取,可不必关注 $A_0 \sim A_3$(或 $A_0 \sim A_9$)地址输入端的状态,$A_0 \sim A_3$(或$A_0 \sim A_9$)可以是随机的,但在读/写操作中要保持一致性。

2. 用 2114A 实现静态顺序存取

如图 2.11.3 所示,电路由三部分组成。单元Ⅰ:由 74LS148 组成的 8线-3线优先编码电路,主要是将 8 位的二进制指令进行编码形成 8421BCD 码;单元Ⅱ:由 74LS161 二进制同步加法计数器组成,实现取址、地址累加等功能;单元Ⅲ:由基本 RS 触发器、2114A、74LS244 组成的随机存取电路。

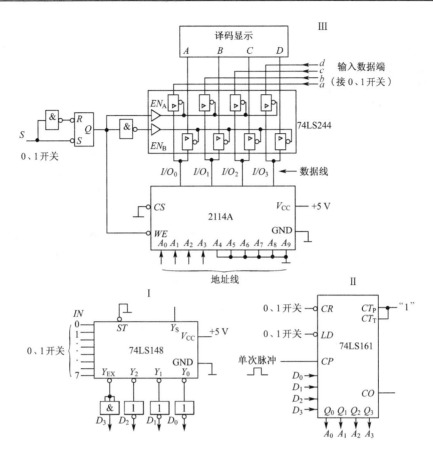

图 2.11.3　2114A 随机和顺序存取数据电路原理图

由 74LS148 组成优先编码电路,将 8 位($IN_0 \sim IN_7$)二进制指令编成 8421BCD 码($D_0 \sim D_3$)输出,是以反码的形式出现的,因此输出端加了非门求反。

(1)写入

令二进制计数器 74LS161 $CR=0$,则该计数器输出清零,清零后将 CR 置 1;令 $LD=0$,加 CP 脉冲,通过并行送数法将 $D_0 \sim D_3$ 赋值给 $A_0 \sim A_3$,形成地址初始值,送数完成后将 LD 置 1。74LS161 为二进制加法计数器,随着每来一个 CP 脉冲,计数器输出将加 1,也即地址码将加 1,逐次输入 CP 脉冲,地址会以此累计形成一组单元地址;操作随机存取电路使之处于写入状态,改变数据输入端的数据 $abcd$,便可按 CP 脉冲所给地址依次写入一组数据。

(2)读出

给 74LS161 输出清零,通过并行送数方法将 $D_0 \sim D_3$ 赋值给 $A_0 \sim A_3$,形成地址初始值,逐次送入单次脉冲,地址码累计形成一组单元地址;操作随机存取电路使之处于读出状态,便可按 CP 脉冲所给地址依次读出一组数据,并在译码显示器上显示出来。

三、实验设备及元器件

1.+5 V 直流电源。　　　　　2.连续脉冲源。

3.单次脉冲源。　　　　　　4.逻辑电平显示器。

5.逻辑电平开关(0、1 开关)。　　　　　　6.译码显示器。

7.元器件:2114A,74LS161,74LS148,74LS244,74LS00,74LS04。

四、实验内容

按图 2.11.3 接好实验电路,先断开各单元间连线。

1.用 2114A 实现静态随机存取(电路如图 2.11.3 中单元Ⅲ)

(1)写入

输入要写入单元的地址码及要写入的数据,再操作基本 RS 触发器控制端 S,使 2114A 处于写入状态,即 $CS=0,WE=0,EN_A=0$,数据便写入了 2114A 中。选取三组地址码及三组数据,记入表 2.11.3 中。

(2)读出

输入要读出单元的地址码,再操作基本 RS 触发器控制端 S,使 2114A 处于读出状态,即 $CS=0,WE=1,EN_B=0$(保持写入时的地址码),要读出的数据便由译码显示器显示出来,记入表 2.11.4 中,并与表 2.11.3 的数据进行比较。

表 2.11.3　　写入状态记录

WE	地址码 ($A_0 \sim A_3$)	数据 ($abcd$)	2114A
1			
1			
1			

表 2.11.4　　读出状态记录

WE	地址码 ($A_0 \sim A_3$)	数据 ($abcd$)	2114A
1			
1			
1			

2.用 2114A 实现静态顺序存取

连接好图 2.11.3 中各单元间连线。

(1)顺序写入数据

假设 74LS148 的 8 位输入指令中,$IN_1=0,IN_0=1,IN_2 \sim IN_7=1$,经过编码得 $D_0D_1D_2D_3=1000$,这个值送至 74LS161 输入端;将 74LS161 输出清零,清零后用并行送数法,将 $D_0D_1D_2D_3=1000$ 赋值给 $A_0A_1A_2A_3$,作为地址初始值;随后操作随机存取电路使之处于写入状态。至此,数据便写入了 2114A 中,如果相应地输入几个单次脉冲,改变数据输入端的数据,就能依次地写入一组数据,记入表 2.11.5 中。

表 2.11.5　　顺序写入数据记录

CP 脉冲	地址码($A_0 \sim A_3$)	数据($abcd$)	2114A
↑	1000		
↑	0100		
↑	1100		

(2)顺序读出数据

将 74LS161 输出清零,用并行送数法,将原有的 $D_0D_1D_2D_3=1000$ 赋值给 $A_0A_1A_2A_3$,操作随机存取电路使之处于读出状态。连续输入几个单次脉冲,则依地址单元读出一组数据,并在译码显示器上显示出来,记入表 2.11.6 中,并比较写入与读出数据是否一致。

表 2.11.6　　　　　　　顺序读出数据记录

CP 脉冲	地址码($A_0 \sim A_3$)	数据($abcd$)	2114A	显示
↑	1000			
↑	0100			
↑	1100			

五、实验要求与思考

1. 复习随机存取存储器 RAM 和只读存储器 ROM 的基本工作原理。

2. 查阅 2114A,74LS161,74LS148 有关资料,熟悉其逻辑功能及引脚排列。

3. 2114A 有十个地址输入端,实验中仅变化其中一部分,对于其他不变化的地址输入端应该如何处理?

4. 为什么静态 RAM 无须刷新,而动态 RAM 需要定期刷新?

六、实验报告

记录电路检测结果,并对结果进行分析。

注:

1. 74LS148 8 线-3 线优先编码器的引脚排列及功能(图 2.11.4,表 2.11.7)

$IN_0 \sim IN_7$:编码输入端(低电平有效)

ST:选通输入端(低电平有效)

$Y_0 \sim Y_2$:编码输出端(低电平有效)

Y_{EX}:扩展端(低电平有效)

Y_S:选通输出端

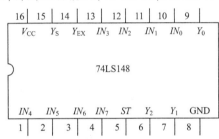

图 2.11.4　74LS148 引脚排列及功能

表 2.11.7　　　　　　　74LS148 功能表

	输			入					输		出		
ST	IN_0	IN_1	IN_2	IN_3	IN_4	IN_5	IN_6	IN_7	Y_2	Y_1	Y_0	Y_{EX}	Y_S
1	×	×	×	×	×	×	×	×	1	1	1	1	1
0	1	1	1	1	1	1	1	1	1	1	1	1	0
0	×	×	×	×	×	×	×	0	0	0	0	0	1
0	×	×	×	×	×	×	0	1	0	0	1	0	1
0	×	×	×	×	×	0	1	1	0	1	0	0	1
0	×	×	×	×	0	1	1	1	0	1	1	0	1
0	×	×	×	0	1	1	1	1	1	0	0	0	1
0	×	×	0	1	1	1	1	1	1	0	1	0	1
0	×	0	1	1	1	1	1	1	1	1	0	0	1
0	0	1	1	1	1	1	1	1	1	1	1	0	1

2. 74LS161 4 位二进制同步加法计数器的引脚排列及功能(图 2.11.5,表 2.11.8)

CO:进位输出端

CP:时钟输入端(上升沿有效)

$\overline{CR}$:异步清除输入端(低电平有效)

CT_P:计数控制端

CT_T:计数控制端

$D_0 \sim D_3$:并行数据输入端

$\overline{LD}$:同步并行置入控制端(低电平有效)

$Q_0 \sim Q_3$:输出端

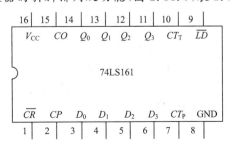

图 2.11.5　74LS161 引脚排列及功能

表 2.11.8 74LS161 功能表

输 入									输 出			
$\overline{CR}$	$\overline{LD}$	CT_P	CT_T	CP	D_0	D_1	D_2	D_3	Q_0	Q_1	Q_2	Q_3
0	×	×	×	×	×	×	×	×	0	0	0	0
1	0	×	×	↑	d_0	d_1	d_2	d_3	d_0	d_1	d_2	d_3
1	1	1	1	↑	×	×	×	×	计		数	
1	1	0	×	×	×	×	×	×	保		持	
1	1	×	0	×	×	×	×	×	保		持	

3.74LS244 八缓冲器/线驱动器/线接收器的引脚排列及功能(图2.11.6,表2.11.9)

图 2.11.6 引脚的含义如下:

$1A \sim 8A$:输入端。

EN_A, EN_B:三态允许端(低电平有效)。

$1Y \sim 8Y$:输出端。

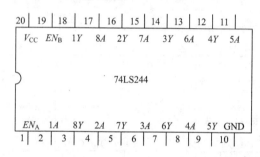

图 2.11.6 74LS244 引脚排列

表 2.11.9 74LS244 功能表

输 入		输 出
EN	A	Y
0	0	0
0	1	1
1	×	高阻态

4. 静态 RAM(SRAM)数据存储器介绍

静态 RAM 具有存取速度快、使用方便等特点,但系统一旦掉电,内部所存数据便会丢失。所以,要使内部数据不丢失,必须不间断供电(断电后电池供电)。为此,多年来人们一直致力于非易失随机存取存储器(NV-SRAM)的开发,它的优点在于数据在掉电时自我保护,强大的抗冲击能力,连续掉电两万次数据不丢失。这种 NV-SRAM 的引脚与普通 SRAM 全兼容,目前已得到广泛应用。常用 SRAM 的主要技术特性和操作方式见表 2.11.10 和表 2.11.11。

常用的 SRAM 有 6116(2 kΩ×8),6264(8 kΩ×8),62256(32 kΩ×8)等,它们的引脚排列如图 2.11.7 所示。

图中有关引脚的含义如下:

$A_0 \sim A_7$:地址输入端。

$D_0 \sim D_7$:双向三态数据端。

$\overline{CE}$:片选信号输入端(低电平有效)。

$\overline{RD}$:读选通信号输入端(低电平有效)。

$\overline{WE}$:写选通信号输入端(低电平有效)。

V_{CC}:工作电源+5 V。

GND:地。

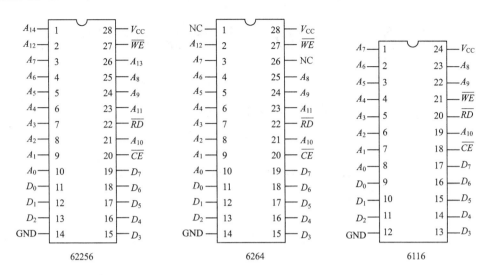

图 2.11.7 常用 SRAM 的引脚排列

表 2.11.10　　常用 SRAM 的主要技术特性

型　　号	6116	6264	62256
容量/KB	2	8	32
引脚数	24	28	28
工作电压/V	5	5	5
典型工作电流/mA	35	40	8
典型维持电流/mA	5	2	0.9
存取时间/ns		由产品型号而定	

表 2.11.11　　　　常用 SRAM 操作方式

方　　式	信　　号			
	$\overline{CE}$	$\overline{RD}$	$\overline{WE}$	$D_0 \sim D_7$
读	0	0	1	数据输出
写	0	1	0	数据输入
维　持	1	×	×	高 阻 态

第三章　数字电路课程设计

概述　电子技术基础课程设计的相关知识

电子技术基础课程设计包括选择课题,电子电路设计、组装、调试和总结报告等教学环节。概述介绍课程设计的有关知识。

1　电子电路的设计方法

在设计一个电子电路系统时,首先必须明确系统的设计任务,根据任务进行方案选择。然后对方案中的各部分进行单元电路设计、参数计算和元器件选择,最后将各部分连接在一起,画出一个符合设计要求的完整的系统电路图。

一、明确系统的设计任务要求

对系统的设计任务进行具体分析,充分了解系统的性能、指标、内容及要求,以便明确系统应完成的任务。

二、方案选择

这一步的工作要求是把系统要完成的任务分配给若干个单元电路,并画出一个能表示各单元功能的整机原理框图。

方案选择的重要任务是根据掌握的知识和资料,针对系统提出的任务、要求和条件,完成系统的功能设计。在这个过程中,要敢于探索,勇于创新,争取方案的设计合理、可靠、经济、功能齐全、技术先进。并且对方案不断进行可行性和优缺点的分析,最后设计出一个完整框图。框图应能正确反映系统完成的任务和各组成部分的功能,清楚表示系统的基本组成和相互关系。

三、单元电路设计、参数计算和元器件选择

根据系统的指标和功能框图,明确各部分任务,进行各单元电路设计、参数计算和元器件选择。

1. 单元电路设计

单元电路是整机的一部分,只有把各单元电路设计好才能提高整体设计水平。

每个单元电路设计前都需明确本单元电路的任务,详细拟订出单元电路的性能指标,与前后级之间的关系,分析电路的组成形式。具体设计时,可以模仿成熟的先进的电路,也可以进行创新或改进。但都必须保证性能要求,而且,不仅单元电路本身要求设计合理,各单元电路间也要互相配合,注意各部分的输入信号、输出信号和控制信号的关系。

2. 参数计算

为保证单元电路达到功能指标要求,就需要用电子技术知识对参数进行计算,例如放大电路中各电阻值、放大倍数,振荡器中电阻值、电容值、振荡频率等参数。只有很好地理解电路的工作原理,正确利用计算公式,计算出的参数才能满足设计要求。

参数计算时,同一个电路可能有几组数据,注意选择一组能完成电路设计功能、在实践中能真正可行的参数。

计算电路参数时应注意下列问题:

(1)元器件的工作电流、电压、频率和功耗等参数应能满足电路指标的要求。

(2)元器件的极限参数必须留有足够余量,一般应大于额定值的 1.5 倍。

(3)电阻和电容的参数应选计算值附近的标称值。

3. 元器件选择

(1)阻容元件的选择　电阻和电容种类很多,正确选择电阻和电容是很重要的。不同的电路对电阻和电容性能要求也不同,有些电路对电容的漏电要求很严,还有些电路对电阻的阻值、电容的性能和容量要求很高,例如滤波电路中常用大容量(100~3000 μF)铝电解电容,为滤掉高频通常还需并联小容量(0.01~0.1 μF)瓷片电容。设计时要根据电路的要求选择性能和参数合适的阻容元件,并要注意功耗、容量、频率和耐压范围是否满足要求。

(2)分立器件的选择　分立器件包括晶体二极管、晶体三极管、场效应管、光电二(三)极管、晶闸管等。根据其用途分别进行选择。

选择的器件种类不同,注意事项也不同。例如选择晶体三极管时,首先注意的是 NPN 型管还是 PNP 型管,是高频管还是低频管,是大功率管还是小功率管,并注意管子的参数 P_{CM},I_{CM},BV_{CEO},BV_{EBO},I_{CBO},β,f_r 和 f_β 是否满足电路设计指标的要求,高频工作时要求 $f_r = (5 \sim 10)f$,f 为工作频率。

(3)集成电路的选择　由于集成电路可以实现很多单元电路甚至整机电路的功能,所以选用集成电路设计单元电路和总体电路既方便又灵活,它不仅使系统体积缩小,而且性能可靠,便于调试及运用,在设计电路时颇受欢迎。

集成电路有模拟集成电路和数字集成电路。国内外已生产出大量集成电路,器件的型号、原理、功能、特性可查阅有关手册。

选择的集成电路不仅要在功能和特性上实现设计方案,而且要满足功耗、电压、速度、价格等多方面的要求。

四、电路图的绘制

为详细表示设计的整机电路及各单元电路的连接关系,设计时需绘制完整的电路图。

电路图通常是在系统框图、单元电路设计、参数计算和元器件选择的基础上绘制的,它是组装、调试和维修的依据。绘制电路图时要注意以下几点:

(1)布局合理、排列均匀、图面清晰、标注清楚,有利于对图的理解和阅读。

有时一个总电路由几部分组成,绘图时应尽量把总电路画在一张图纸上。如果电路比较复杂,需绘制几张图,则应把主电路画在同一张图纸上,而把一些比较独立或次要的部分画在另外的图纸上,并在图的断口两端做上标记,标出信号从一张图到另一张图的引出点和引入点,以此说明各图纸在电路连线之间的关系。

有时为了强调并便于看清各单元电路的功能关系,每一个功能单元电路的元器件应集中布置在一起,并尽可能按工作顺序排列。

(2)注意信号的流向,一般从输入端或信号源画起,由左至右或由上至下按信号的流向依次画出各单元电路,而反馈通路的信号流向则与此相反。

(3)图形符号要标准,图中应加适当的标注。图形符号表示元器件的项目或概念。电路图中的中大规模集成电路器件,一般用方框表示,在方框中标出它的型号,在方框的边线两侧标出每根线的功能名称和引脚号。除中大规模器件外,其余元器件符号应当标准化。

(4)连接线应为直线,并且交叉和折弯应最少。通常连接线可以水平布置或垂直布置,一般不画斜线。互相连通的交叉线,应在交叉处用圆点表示。根据需要,可以在连接线上加注信号名或其他标记,表示其功能或去向。有的连接线可用符号表示,例如器件的电源一般标电源电压的数值,地线用符号⊥表示。

设计的电路是否能满足设计要求,还必须通过组装、调试进行验证。

2 电子电路的组装、调试与总结

电子电路设计好后,便可进行组装、调试,最后对课题内容进行全面总结。

一、电子电路的组装

电子技术基础课程设计中组装电路通常采用焊接和在面包板上插接两种方式。焊接组装可提高学生焊接技术水平,但元器件可重复利用率低。在面包板上组装便于元器件插接且电路便于调试,并可提高元器件重复利用率。下面介绍在面包板上用插接方式组装电路的方法。

1.集成电路的装插

插接集成电路时首先应认清方向。不要倒插,所有集成电路的插入方向要保持一致,注意引脚不能弯曲。

2.元器件的位置

根据电路图的各部分功能确定元器件在面包板上的位置,并按信号的流向将元器件顺序连接,以易于调试。

3.导线的选用和连接

导线直径应和面包板插孔直径相一致,过粗会损坏插孔,过细则与插孔接触不良。

为检查电路方便,根据不同用途,导线可以选用不同的颜色。一般习惯是正电源用红线,负电源用蓝线,地线用黑线,信号线用其他颜色的线等。

连接用的导线要求紧贴在面包板上,避免接触不良。导线不允许跨接在集成电路上,一般从集成电路周围通过,尽量做到横平竖直,这样便于查找和更换器件。

组装电路时注意电路之间要共地。正确的组装方法和合理的布局,不仅使电路整齐美观,而且能提高电路的工作可靠性,便于检查和排除故障。

二、电子电路的调试

通常有以下两种调试电路的方法:

第一种是采用边安装边调试的方法,把一个总电路按框图上的功能分成若干单元电路分别进行安装和调试,在完成各单元电路调试的基础上逐步扩大安装和调试的范围,最后完成整机调试。对于新设计的电路,此方法既便于调试,又可及时发现和解决问题。该方法适于在课程设计中采用。

第二种方法是整个电路安装完毕,实行一次性调试。这种方法适于定型产品。

调试时应注意做好调试记录,准确记录电路各部分的测试数据和波形,以便于分析和运行时作为参考。

一般调试步骤如下:

1. 通电前检查

电路安装完毕,首先直观检查电路各部分接线是否正确,检查电源、地线、信号线、元器件引脚之间有无短路,器件有无接错。

2. 通电检查

接入电路所要求的电源电压,观察电路中各部分元器件有无异常现象,如果出现异常现象,则应立即断开电源,待排除故障后方可重新通电。

3. 单元电路调试

在调试单元电路时应明确本部分的调试要求,按调试要求测试性能指标和观察波形。调试顺序按信号的流向进行,这样可以把前面调试过的输出信号作为后一级的输入信号,为最后的整机联调创造条件。电路调试包括静态调试和动态调试,通过调试掌握必要的数据、波形、现象,然后对电路进行分析、判断、排除故障,完成调试要求。

4. 整机联调

各单元电路调试完毕后就为整机调试打下了基础。整机联调时应观察各单元电路连接后各级之间的信号关系,主要观察动态结果,检查电路的性能和参数,分析测量的数据和波形是否符合设计要求,对发现的故障和问题及时采取处理措施。

电路故障的排除可以按下述 8 种方法进行:

(1)信号寻迹法。寻找电路故障时,一般可以按信号的流程逐级进行。从电路的输入端加入适当的信号,用示波器或电压表等仪器逐级检查信号在电路内各部分传输的情况,根据电路的工作原理分析电路的功能是否正常,如果有问题,应及时处理。调试电路时也可从输出级向输入级倒推进行,信号从最后一级电路的输入端加入,观察输出端是否正常,然后逐级将适当信号加入前一级电路的输入端,继续进行检查。这里所指的“适当信号”是指频率、电压幅值等参数应满足电路要求,这样才能使调试顺利进行。

(2)对分法。把有故障的电路分为两部分,先检测这两部分中究竟是哪部分有故障,然后再对有故障的部分对分检测,直到找出故障为止。采用“对分法”可减少调试工作量。

(3)分割测试法。对于一些有反馈的环形电路,如振荡器、稳压器等,它们各级的工作情况互相有牵连,这时可采取分割环路的方法,将反馈环去掉,然后逐级检查,可更快地查出故障部分。对自激振荡现象也可以用此法进行检查。

(4)电容器旁路法。如遇电路发生自激振荡或寄生调幅等故障,检测时可用一只容量较大的电容器并联到故障电路的输入端或输出端,观察故障现象的影响,据此分析故障的部位。在放大电路中,旁路电容失效或开路,使负反馈加强,输出量下降,此时用适当的电容并联在旁路电容两端,若可以看到输出幅度恢复正常,也就可断定旁路电容出现问题。这种检查可能要多处实验才有结果,这时要细心分析可能引起故障的原因。这种方法也可用来检查电源滤波和去耦电路的故障。

(5)对比法。将有问题的电路的状态、参数与相同的正常电路进行逐项对比。此方法可以较快地从异常的参数中分析出故障。

(6)替代法。用已调试好的单元电路代替有故障或有疑问的相同的单元电路(注意共地),这样可以很快判断故障部位。有时元器件的故障不很明显,如电容漏电、电阻变质、晶体管和集成电路性能下降等,这时用相同规格的优质元器件逐一替代实验,就可以具体地判断故障点,加快查找故障点的速度,提高调试效率。

(7)静态测试法。故障部位找到后,要确定是哪一个或哪几个元器件有问题,最常用的就是静态测试法和动态测试法。静态测试法是用万用表测试电阻值、电容漏电、电路是否断路或短路以及晶体管和集成电路的各引脚电压是否正常等。这种方法是在电路不加信号时进行的,所以叫静态测试法。通过这种测试可发现元器件的故障。

(8)动态测试法。当静态测试法不能发现故障原因时,可以采用动态测试法。测试时在电路输入端加上适当的信号再测试元器件的工作情况,观察电路的工作状况,分析、判断故障原因。

组装电路时要认真细心,要有严谨的科学作风,安装电路时要注意布局合理,调试电路时要注意正确使用测量仪器,系统各部分要共地,调试过程中不断跟踪和记录观察到的现象、波形和测量的数据。通过组装、调试电路,发现问题,解决问题,提高设计水平,从而圆满地完成设计任务。

三、课程设计总结报告

课程设计总结报告是对学生写科学论文和科研总结报告的能力训练。通过写报告,不仅把设计、组装、调试的内容进行全面总结,而且把实践内容上升到理论高度。总结报告应包括以下几点:

(1)课题名称。

(2)内容摘要。

(3)设计内容及要求。

(4)比较和选定设计的系统方案,画出系统框图。

(5)单元电路设计、参数计算和元器件选择。

(6)画出完整的电路图,并说明电路的工作原理。

(7)组装、调试的内容包括:

①使用的主要仪器和仪表。

②调试电路的方法和技巧。

③测试的数据和波形并与计算结果进行比较分析。

④调试中出现的故障、原因及排除方法。

(8)总结设计电路的特点和方案的优缺点,指出课题的核心及实用价值,提出改进意见和展望。

(9)列出系统需要的元器件。

(10)列出参考文献。

(11)收获、体会。

3　电子电路的抗干扰措施

电子电路的工作可靠性是由多种因素决定的,其中电路的抗干扰性能是工作可靠性的重要指标。因此,研究抗干扰技术也是电子技术基础课程设计的重要内容。

在分析干扰时,要弄清形成干扰的三要素,即干扰源(噪声源)、接收电路和它们之间的耦合方式。常见干扰有供电系统的电源干扰、电磁场干扰和通道干扰等。

抑制干扰主要从形成干扰的三方面采取措施。

(1)消除和抑制噪声源。

(2)破坏干扰通道。

(3)削弱接收电路对噪声干扰信号的敏感性。

目前广泛采用的抗干扰措施有以下几种:

一、供电系统抗干扰措施

任何电源及输电线路都存在内阻,正是这些内阻引起了电源的噪声干扰,如果无内阻存在,任何噪声都会被电源电路吸收,在线路中不会建立任何干扰电压。

为保证电子电路正常工作,防止从电源引入干扰,可采取以下措施。

1.采用交流稳压器供电

用交流稳压器供电可保证供电的稳定性,防止电源系统的过压与欠压,有利于提高整个系统的可靠性。

2.采用隔离变压器供电

由于高频噪声通过变压器引入电路,主要不是靠初、次级线圈的互感耦合,而是靠初、次级间的寄生电容耦合,故隔离变压器的初级和次级间均需屏蔽隔离,以减少其分布电容,提高抗共模干扰的能力。

3.加装滤波器

(1)低通滤波器　电源系统的干扰源大部分是高次谐波。因此采用低通滤波器滤去高次谐波,以改善电源波形。

(2)交流电源进线的对称滤波器　根据要求可以采用对高频噪声干扰抑制有效的高频干扰电压对称滤波器,也可采用低频干扰电压对称滤波器。

(3)直流电源出线的滤波器　为减弱公用电源内阻在电路间形成的噪声耦合,在直流电源输出端需加装高、低通滤波器。

(4)退耦滤波器　一个直流电源同时对几个电路供电,为了避免通过电源内阻造成几个电路之间互相干扰,应在每个电路的直流电源进线之间加装 π 型 RC 或 LC 退耦滤波器。

4.采用分散独立电源功能块供电

在每个功能电路上用三端稳压集成块如 7805,7905,7812,7912 等组成稳压电源。每个功能块单独有电压过载保护,不会因某块稳压电源故障而使整个系统遭到破坏,而且也减少了公共阻抗的相互耦合以及和公共电源的相互耦合,大大提高了供电的可靠性,也有利于电源散热。

5. 采用高抗干扰稳压电源及干扰抑制器

采用超隔离变压器稳压电源。这种电源具有高的共模抑制比及串模抑制比,能在较宽的频率范围内抑制干扰。

采用具有反激变换器的开关稳压电源。利用该电源变换器的储能作用,在反激时把输入的干扰信号抑制掉。

采用基于频谱均衡法原理制成的干扰抑制器。把干扰的瞬变能量转换成多种频率能量,达到均衡的目的。它的明显优点是抗电网瞬变干扰能力强。

二、屏蔽技术

为了防止静电或电磁的相互感应而采用的方法称之为"屏蔽"。屏蔽的目的就是隔断"场"的耦合。

1. 静电屏蔽

静电屏蔽是利用与大地相连接的导电性良好的金属容器,使静电场的电力线在接地的导体处中断,即内部的电力线不外传而外部的电力线也不影响其内部,起到隔离电场的作用。

静电屏蔽能防止静电场的影响,在实际布线中如果在两条导线之间敷设一条接地导线,可以削弱两条导线之间由于寄生分布电容耦合而产生的干扰;也可将具有静电耦合的两个导体在间隔保持不变的条件下靠近大地,其耦合也将减弱。

2. 电磁屏蔽

采用导电性能良好的金属材料做成屏蔽层,利用高频电磁场对屏蔽金属的作用,使高频干扰电磁场在屏蔽金属内产生涡流,而此涡流产生的磁场可抵消或减弱高频干扰电磁场的影响。

这种利用涡流反磁场作用的电磁屏蔽在原理上与屏蔽体是否接地无关,但一般在实际使用时屏蔽体经常接地,这样又可同时起到静电屏蔽的作用。

3. 低频磁屏蔽

采用高导磁材料做成屏蔽层,以便将干扰磁通限制在磁阻很小的磁屏蔽体的内部,防止其干扰。一般选取坡莫合金类、对低频磁通具有高导磁率的铁磁材料,同时要有一定的厚度以减小磁阻。目前,铁氧体压制成的罐型磁芯也用作低频磁屏蔽或电磁屏蔽。设计磁屏蔽罩时,要注意其开口和接缝不要横过磁力线的方向以免增加磁阻,破坏屏蔽性能。

4. 屏蔽规则

(1)静电屏蔽罩必须与被屏蔽电路的零信号基准电位线相接。

(2)零信号基准电位线的相接点必须保证干扰电流不流经信号线。由此可见,要求屏蔽罩的连接应使屏蔽线上的寄生电流直接泄漏到接地点。

三、接地

接地是抑制干扰的重要方法,如能将地和屏蔽罩正确结合起来,就可解决大部分干扰问题。

在电子电路中,地线有系统地、机壳地(屏蔽地)、数字地(逻辑地)和模拟地等。当一个电路有两点或两点以上接地时,由于两点间的地电位差会引起干扰,所以一般采用"一点接地"(单点接地)。

1.单点接地

多级电路通过公共接地母线后再单点接地,如图 3.0.1(a)所示。该图虽然避免了多点接地因地电位差引起的干扰,但在公共地线上却存在着 A,B 和 C 三点不同的对地电位差。如果各级电平相差不大,这种接地方式可以使用,反之则不能使用。因为高电平会产生较大的地电流,并且使这个干扰窜入到低电平电路中去。这种接地方式仅限于级数不多、各级电平相差不大或抗干扰能力较强的数字电路。

图 3.0.1(b)是另一种单点接地方式,此时 A,B 和 C 三点对地电位只与本电路的地电流和地线阻抗有关,各电路之间的电流不形成耦合,该种单点接地方式一般用于工作频率在 1 MHz 以下的电路。

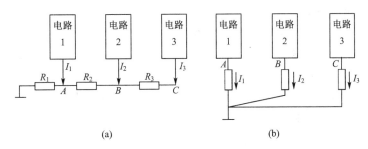

(a)　　　　　　　　　　(b)

图 3.0.1　多级电路的单点接地

2.数字、模拟电路的接地分开

一个系统既有高速逻辑电路,又有线性电路,为避免数字电路对模拟电路的工作造成干扰,两者的地线不要弄混,应分别与电源端地线相连。

四、传输通道的抗干扰措施

在电子电路信号的长线传输过程中会产生通道干扰。为了保证长线传输的可靠性,主要措施有光电耦合隔离、双绞线传输等。

1.光电耦合隔离

采用光电耦合器可有效地切断地环路电流的干扰,如图 3.0.2 所示,电路 1 和电路 2 之间采用光电耦合,可把两个电路的地电位完全隔离,即使两个电路的地电位不同也不致造成干扰。

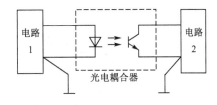

图 3.0.2　光电耦合隔离示意图

光电耦合隔离的主要优点是能有效地抑制尖峰脉冲及各种噪声干扰,具有很强的抗干扰能力。

2.双绞线传输

在系统的长线传输中,双绞线是一种常用的传输线。它的缺点是频带较窄,优点是波阻抗高,抗共模噪声能力强。双绞线能使各个小环路的电磁感应干扰相互抵消;其分布电容为几十皮法(pF),距离信号源近,可起到积分作用,故双绞线对电磁场具有一定的抑制效果。

五、抗干扰的其他常用方法

1.在电路的关键部位配置去耦电容。

2.CMOS 芯片的输入阻抗很高,使用时,对其不用端应根据功能选择接地或接正电源。

3.TTL 器件的多余输入端不能悬空,应根据其功能进行处理。

4.按钮、继电器、接触器等元器件的接点在动作时均会产生火花,必须用 RC 电路加以吸收。

4　电子电路设计举例——峰值检测系统

本节通过"峰值检测系统"课题的设计,具体说明电子电路的设计方法和步骤。

一、明确课题设计要求

在科研、生产各个领域都会用到峰值检测设备,例如检测建筑物的最大承受力,检测钢丝绳允许的最大拉力,等等。准确测量峰值对有关课题的研究具有重要意义。该课题的设计内容及要求如下:

1.用传感器和检测电路测量某建筑物的最大承受力。传感器的输出信号为 $0\sim$ 5 mV,1 mV 等效于 400 kg。

2.测量值用数字显示,显示范围为 0000~1999。

3.峰值电压保持稳定。

二、方案选择

峰值检测系统有多种实现方案,下面介绍两种方案。

方案一:本课题的关键任务是检测峰值并使之保持稳定,且用数字显示峰值。该方案用采样/保持峰值电路,通过数据锁存控制电路锁存峰值的数字量。方案一的框图如图 3.0.3 所示。它由传感器、放大器、采样/保持、采样/保持控制电路、A/D 转换(模数转换)、译码显示、数字锁存控制电路组成。各组成部分的作用如下:

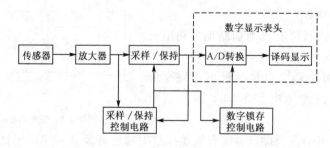

图 3.0.3　峰值检测系统的方案一框图

1.传感器:把被测信号量转换成电压量。

2.放大器:将传感器输出的小信号放大,放大器的输出结果满足模数转换器的转换范围。

3.采样/保持:对放大后的被测模拟量进行采样,并保持峰值。

4.采样/保持控制电路:该电路通过控制信号实现对峰值采样。小于原峰值时,保持原峰值;大于原峰值时,保持新的峰值。

5.A/D转换:将模拟量转换成数字量。

6.译码显示:完成峰值数字量的译码显示。

7.数字锁存控制电路:对模数转换的峰值数字量进行锁存,小于原峰值的数字量不能被锁存。模数转换和译码显示构成数字显示表头(图3.0.3的虚线部分)。

方案二:为实现峰值检测,该方案采用数字式峰值保持器,该部分是图3.0.4所示的虚线部分。

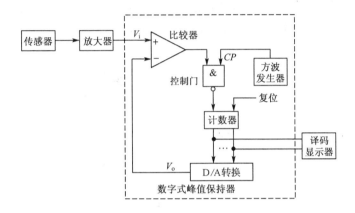

图 3.0.4　峰值检测系统的方案二框图

方案二由传感器、放大器、数字式峰值保持器和译码显示器组成。该方案中除数字式峰值保持器外,其余三部分和方案一相同。数字式峰值保持器由比较器、控制门、方波发生器、计数器和 D/A 转换组成,各部分功能如下:

1.比较器:比较 V_i 和 V_o 的大小。当 $V_i > V_o$ 时,比较器输出高电平,打开控制门,时钟脉冲进入计数器。当 $V_i < V_o$ 时,比较器输出低电平,封闭控制门,计数器停止计数。

2.方波发生器:产生一定频率的方波信号,作为控制门的时钟脉冲。

3.控制门:控制时钟脉冲进入计数器。当比较器输出高电平时,该门开启,时钟脉冲进入计数器;当比较器输出低电平时,该门关闭。

4.计数器:被测信号的峰值通过控制门,使时钟脉冲进入计数器,输出数字量。供给译码显示器显示峰值。计数器输出的数码反映被检测信号的峰值。

5.D/A 转换:计数器的数字量送入 D/A 转换器后,进行数模转换。D/A 输出的模拟量 V_o 和被测量 V_i 进行比较,由比较结果决定计数器计数还是保持峰值。

综上所述,方案一和方案二都可以将峰值保持并以数字形式输出。方案一是对模拟量进行采样/保持并锁存峰值的数字量,它可以采用集成采样/保持电路和大规模集成电路 $3\frac{1}{2}$ 位 A/D 转换器。方案二是采用数字式峰值保持器,主要电路是计数器和 D/A 转换,随着输出的位数增多,需要的器件也跟着增多。通过比较两个方案可知,前者比后者电路简单,采用的器件先进,所用元器件少,且容易实现。因此方案一可选作系统设计方案。

三、单元电路设计、参数计算和元器件选择

根据方案一框图,分别说明各单元电路设计、参数计算和器件选择。

1. 放大电路

由于输入信号为 $0\sim5$ mV,后面选用 $3\frac{1}{2}$ 位 A/D 转换器,数字显示表头显示为 $0000\sim1999$,由于传感器输出 1 mV 等效于 400 kg,则 5 mV 等效于 2000 kg,因而选用放大倍数 $A_V=400$ 倍的放大电路就能完成系统对小信号放大的要求。

(1)选择电路:放大电路种类很多,为将传感器输出的微弱信号进行放大,采用高精度数据放大器(仪用放大器),如图 3.0.5 所示。该电路中 A_1 和 A_2 的失调电压量值和方向相同,可以互相抵消,所以此种电路精度很高。这种高精度数据放大器对完成小信号的放大有重要作用。

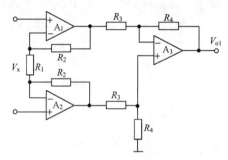

图 3.0.5 高精度数据放大器

(2)参数计算:由于 $V_i=V_x=0\sim5$ mV,$V_{o1}=2$ V,根据公式:

$$\frac{V_{o1}}{V_i}=-\frac{R_4}{R_3}(1+\frac{2R_2}{R_1})$$

将 V_x 和 V_{o1} 代入式中,得

$$\frac{2}{5\times10^{-3}}=-\frac{R_4}{R_3}(1+\frac{2R_2}{R_1}),即\ 400=-\frac{R_4}{R_3}(1+\frac{2R_2}{R_1})$$

放大器为完成 400 倍的放大,分配第一级放大器放大倍数 $(1+\frac{2R_2}{R_1})=8$,分配第二级放大器放大倍数 $\frac{400}{8}=50=\frac{R_4}{R_3}$,则电阻值分别为 $R_1=1.6$ kΩ,$R_2=5.6$ kΩ,$R_3=2$ kΩ,$R_4=100$ kΩ。

(3)元器件选择:R_1,R_2,R_3 和 R_4 都选 1/8 W 金属膜电阻,其标称值分别为 1.6 Ω,5.6 Ω,2 kΩ 和 100 kΩ。A_1,A_2 和 A_3 选用 μA741 型运算放大器。

由于 μA741 具有很高的输入共模电压和很广的输入差模电压范围,具有失调电压调整能力和短路保护功能,功耗较低,电源电压适应范围较宽等特点,所以该放大电路采用此器件比较合适。

2. 采样/保持电路

该电路的核心器件选用 LF398 采样/保持集成电路,它具有体积小、功能强、运行稳定可靠等优点。它的功能是对模拟信号进行采样和存储。具体电路如图 3.0.6 所示。

LF398 的 8 脚是采样/保持的逻辑控制脚,当该脚输入高电平时,LF398 进行采样,输入低电平时保持。保持时,回路阻抗很大,故保持能力很强;采样时,输入信号使采样/保持电容 C_h 迅速充电到 V_i。C_h 的质量对电路的性能影响很大,一般对此电容要求很高,如要求它的绝缘电阻大,漏电小。可选用有机薄膜介质电容,如聚苯乙烯和聚丙烯电容,取 $C_h = 0.1 \ \mu F$。

3. 采样/保持控制电路

采样/保持控制电路可选用比较电路,如图 3.0.7 所示。比较电路将 LF398 的输入端电压与输出端电压相比较,产生一个控制信号 V_k 作为逻辑输入,用 V_k 控制 LF398。

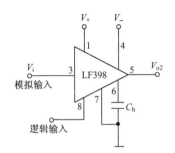 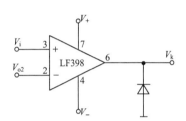

图 3.0.6 采样/保持电路 　　　　图 3.0.7 采样/保持控制电路

当 $V_i > V_{o2}$ 时,比较器输出 V_k 为高电平,使 LF398 采样。当 $V_i < V_{o2}$ 时,比较器输出 V_k 为低电平,使 LF398 保持。

图中二极管保证输出低电平时,输出端箝位于"0"电平(忽略管压降)。

V_k 还用来控制数字锁存控制电路。

比较器选用运算放大器 $\mu A741$。二极管选普通硅二极管 2CK11。

4. 数字显示表头电路

数字显示表头电路由 A/D 转换和译码显示两部分组成(见图 3.0.3)。该电路可采用 $3\frac{1}{2}$ 位数字电压表电路,具体电路参见课题三的图 3.3.1。选择器件如下:$3\frac{1}{2}$ 位 A/D 转换器 MC14433,七路达林顿驱动器 MC1413,BCD 锁存-七段译码-驱动器 CD4511,能隙基准电源 MC1403 和四个共阴极 LED 发光数码管。注意数字显示表头电路中 MC14433 的 EOC 和 DU 端不是直接相连,而是通过数字锁存控制电路连接。该表最大量程为 1999 kg,以 1.999 V 代表 1999 kg,小数点不用显示。

5. 数字锁存控制电路

数字锁存控制电路是为了保证 A/D 转换的峰值数字量被锁存在 $3\frac{1}{2}$ 位 A/D 转换器的输出锁存器里。为完成峰值锁存必须掌握 A/D 转换器两个引脚的功能,其中一个引脚是数字显示更新输入控制端 DU,另一个引脚是转换周期结束标志输出端 EOC。DU 的功能是:当 DU 的电平为 1 时,A/D 转换结果被送入输出锁存器;当 DU 的电平为 0 时,A/D 转换器仍输出锁存器中原来的转换结果。EOC 的功能是:第一个 A/D 转换周期结束时,EOC 端输出一个正脉冲。通常电路利用 EOC 端的输出控制 DU 端,每次 A/D 转换结果都会被输出，而峰值检测电路只允许峰值结果输出，小于原峰值则不输出。所以电路必须设置在峰值时，EOC 端的输出才能控制 DU 端。考虑 $3\frac{1}{2}$ 位 A/D 转换器转换周期为 $\frac{1}{3}$ s，当峰值信号到来时，应允许 EOC 端的输出在 $\frac{1}{3}$ s 内控制 DU 端。由于采样/保持电路能在 A/D 转换周期内保持峰值的模拟量，所以在 A/D 转换周期内峰值数据不会受影响。根据以上分析，设计数字锁存控制电路。

(1)电路设计：设计的数字锁存控制电路如图 3.0.8 所示。电路由单稳态触发器 74LS121、或门 G_A 和与门 G_B 组成。输入信号 V_k 来自比较器的输出，$V_k=1$ 表示峰值采样，$V_k=0$ 表示峰值保持。电路工作情况如下：

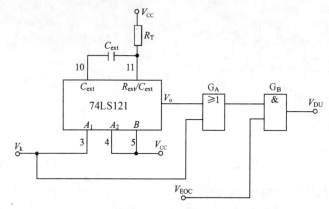

图 3.0.8　数字锁存控制电路

①$V_k=1$ 时，或门 G_A 输出 1，允许 V_{EOC} 通过与门 G_B，若 V_{EOC} 是高电平，则 V_{DU} 也是高电平。V_{DU} 可以控制 DU 端，峰值数据被锁存在 A/D 转换器的输出锁存器中。

②当 V_k 由高电平变成低电平时，单稳态触发器的 3 脚是下降沿触发的脉冲展宽延时电路输入端，在输入脉冲作用下，V_o 在 $\frac{1}{3}$ s 内仍保持高电平，在 $\frac{1}{3}$ s 内 V_o 使或门 G_A 输出 1，此间 EOC 端的输出电平 V_{EOC} 能通过与门 G_B。V_{EOC} 是高电平时，V_{DU} 也是高电平，能控制 DU 端，使输出锁存器锁存峰值数据。

③当 $V_k=0$，$V_o=0$ 时，或门 G_A 输出为 0，封锁与门 G_B，V_{EOC} 不能通过与门 G_B，与门 G_B 的输出 V_{DU} 为低电平，V_{DU} 封锁 A/D 转换器的输出锁存器，输出锁存器仍输出原来的峰值数据。

(2)参数计算：单稳态触发器 3 脚输入信号 V_k 由高电平变为低电平，使输出脉冲 V_o 延时 $\frac{1}{3}$ s 的高电平，数字锁存控制电路就能控制 A/D 的输出锁存器锁存峰值数据。输出脉冲的延时时间 $T_x=\frac{1}{3}$ s 由外部元件 R_T 和 C_{ext} 的数值大小决定。

根据公式 $\qquad T_x=C_{ext}R_T\ln2=0.7C_{ext}R_T$

取 $C_{ext}=1\ \mu F$，将 $T_x=\frac{1}{3}$ s，$C_{ext}=1\ \mu F$ 代入上式，得

$$\frac{1}{3}=0.7R_T\times10^{-6}$$

即

$$R_T \approx 476 \text{ k}\Omega$$

取标称值 $R_T = 510 \text{ k}\Omega$。

(3)元器件选择:单稳态触发器选 74LS121,或门选 74LS32,与门选 74LS08;C_{ext} 选 1 μF 的聚苯乙烯电容,R_T 选 510 kΩ 的金属膜电阻。

四、绘制整机电路图

根据方案一的框图和设计的各部分单元电路,绘制出本课题的整机电路图,如图 3.0.9 所示。图中正电源用+5 V,负电源用-5 V。

上例表明了一般电子电路的设计方法和全过程。读者欲掌握它们并提高设计水平,必须到课题设计中去实践,在后面我们给出了各类课题供大家选择。

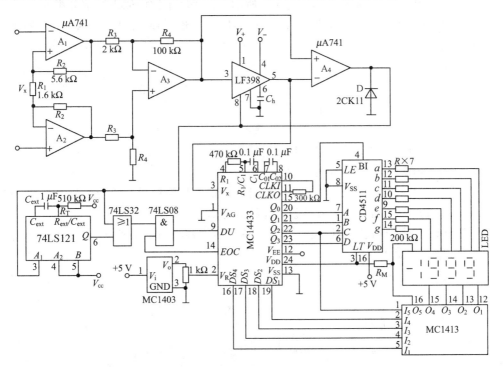

图 3.0.9　峰值检测系统电路图

课题一　　数字电子钟逻辑电路设计

一、概述

数字电子钟是一种用数字显示秒、分、时、日的计时装置,与传统的机械钟相比,它具有走时准确、显示直观、无机械传动装置等优点,因而得到了广泛的应用:小到人们日常生活中的电子手表,大到车站、码头、机场等公共场所的大型数字电子钟。

数字电子钟的电路组成框图如图 3.1.1 所示。数字电子钟由以下几部分组成:石英晶体振荡器和分频器组成的秒脉冲发生器、校时电路、六十进制秒、分计数器、二十四进制(或十二进制)时计数器、七进制周计数器以及秒、分、时的译码显示部分等。

二、设计任务和要求

用中小规模集成电路设计一台能显示日、时、分、秒的数字电子钟,要求如下:

1. 由晶振电路产生 1 Hz 标准秒脉冲。

2. 秒、分显示采用 00～59 六十进制计数器。

3. 时显示采用 00～23 二十四进制计数器。

4. 日显示采用 1～日七进制计数器。

5. 可手动校正。能分别进行秒、分、时、日的校正。只要将开关置于手动位置,可分别对秒、分、时、日进行手动脉冲输入调整或连续脉冲输入校正。

6. 整点报时。整点报时电路要求在每个整点前六秒鸣叫五次低音(500 Hz),整点时再鸣叫一次高音(1000 Hz)。

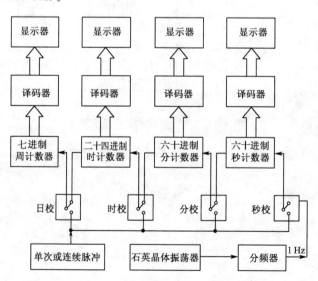

图 3.1.1　数字电子钟框图

三、可选用器材

1. 数字电子技术实验系统。

2.直流稳压电源。

3.集成电路:CD4060,74LS74,74LS161,74LS248 及门电路。

4.晶体振荡器:32 768 Hz。

5.电容:100 μF/16 V,22 pF,3~22 pF。

6.电阻:200 Ω,10 kΩ,22 MΩ。

7.电位器:2.2 kΩ 或 4.7 kΩ。

8.数码显示器:共阴显示器 LC5011-11。

9.开关:单次按键。

10.三极管:8050。

11.喇叭:1/4 W,8 Ω。

四、设计方案提示

根据设计任务和要求,对照数字电子钟的框图,可以分以下几步进行模块化设计。

1.秒脉冲发生器

秒脉冲发生器是数字电子钟的核心部分,它的精度和稳定度决定数字电子钟的质量。通常用晶体振荡器发出的脉冲经过整形、分频获得 1 Hz 的秒脉冲。如晶体振荡器为 32 768 Hz,通过 15 次二分频后可获得 1 Hz 的脉冲输出。电路图如图 3.1.2 所示。

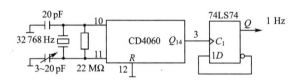

图 3.1.2　秒脉冲发生器

2.计数译码显示

秒、分、时、日分别为六十、六十、二十四和七进制计数器。秒、分均为六十进制,即显示 00~59,它们的个位为十进制,十位为六进制。时为二十四进制计数器,显示为 00~23,个位仍为十进制,而十位为二进制,但当十位计到 2,而个位计到 4 时清零,就为二十四进制了。

周为七进制数,按人们一般的概念一周的显示为星期"日,1,2,3,4,5,6",所以我们设计这七进制计数器应根据译码显示器的状态表来进行。见表 3.1.1。

表 3.1.1　　　状态表

Q_4	Q_3	Q_2	Q_1	显示
1	0	0	0	日
0	0	0	1	1
0	0	1	0	2
0	0	1	1	3
0	1	0	0	4
0	1	0	1	5
0	1	1	0	6

按表 3.1.1"状态表"不难设计出"日"计数器的电路("日"用数字 8 代替)。

所有计数器的译码显示均采用 BCD 七段译码器,显示器采用共阴或共阳的显示器。

3. 校正电路

在刚刚开机接通电源时,由于日、时、分、秒为任意值,所以,需进行调整。置开关于手动位置,分别对时、分、秒、日进行单独计数。计数脉冲由单次脉冲源或连续脉冲源输入。

4. 整点报时电路

当时计数器在每次计到整点前六秒时,需要报时。这可用译码电路来解决。即当分为 59,秒在计数计到 54 时,输出一延时高电平,直至秒计数器计到 58 时,结束这高电平脉冲去打开高音与门。使报时声按 500 Hz 频率鸣叫五声,而秒计到 59 时,则去驱动高音 1 kHz 频率输出而鸣叫一声。

五、参考电路

根据设计任务和要求,数字电子钟逻辑电路参考图如图 3.1.3 所示。

六、参考电路简要说明

1. 秒脉冲电路

由晶体振荡器 32 768 Hz 经 14 分频器分频为 2 Hz,再经一次分频,即得 1 Hz 标准秒脉冲,供时钟计数器用。

2. 单次脉冲,连续脉冲

这主要是供手动校正时用。若开关 K_1 打在单次端,要调整日、时、分、秒即可按单次脉冲进行校正。若 K_1 在单次端,K_2 在手动端,则此时按动单次脉冲键,使周计数器从星期一到星期日计数。若开关 K_1 处于连续端,则校正时,不需要按动单次脉冲键,即可进行校正。单次、连续脉冲均由门电路产生。

3. 秒、分、时、日计数器

这一部分电路均使用中规模集成电路 74LS161 实现秒、分、时的计数,其中秒、分为六十进制、时为二十四进制。从图 3.1.3 中可发现,秒、分两组六十进制计数电路完全相同。当计数到 59 时,再来一个脉冲变成 00,然后再重新开始计数。图中利用"异步清零"反馈到 CP 端,从而实现个位十进制,十位六进制的功能。

时计数器为二十四进制,当开始计数时,个位按十进制计数,当计到 23 时,这时再来一个脉冲,应该回到"0"。所以,这里必须使个位既能完成十进制计数,又能在高低位满足"23"这一数字后,时计数器清零,图中采用了十位的 2 和个位的 4 相"与非"后再清零。

对于日计数器电路,它是由 4 个 D 触发器(也可用 JK 触发器)组成的,其逻辑功能满足了表 3.1.1,即当计数器计到 6 后,再来一个脉冲,用 7 的瞬态将 Q_4,Q_3,Q_2,Q_1 置数,即"1000",从而显示"日"(8)。

4. 译码显示

译码显示很简单,采用共阴极 LED 数码管 LC5011-11 和译码器 74LS248,当然也可用共阳数码管和译码器。

5. 整点报时

当计数到整点的前六秒钟时,应该准备报时。

图 3.1.3 中,当分计到 59 分时,将分触发器 Q_H 置 1;而等到秒计数到 54 秒时,将秒

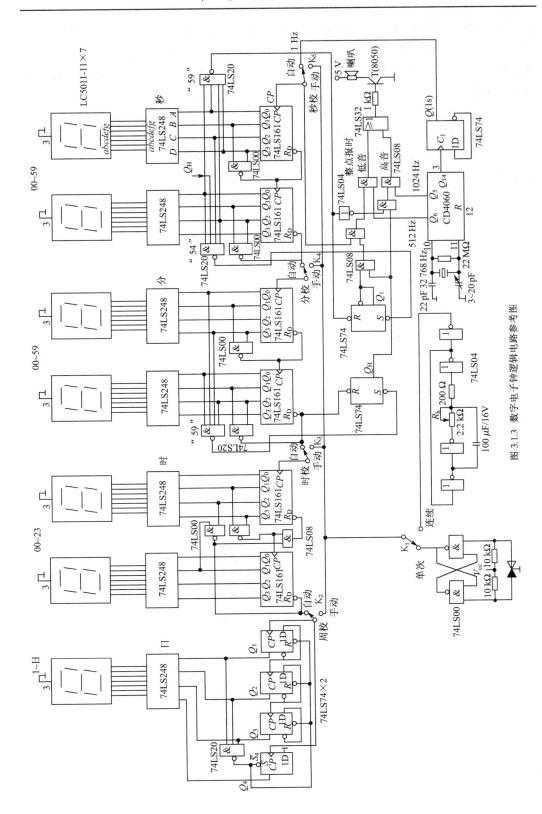

图 3.1.3 数字电子钟逻辑电路参考图

触发器 Q_1 置 1，然后通过 Q_1 与 Q_H 相"与"后再和 1 s 标准秒脉冲相"与"而去控制低音喇叭鸣叫；直至 59 秒时，产生一个复位信号，使 Q_1 清零，停止低音鸣叫，同时 59 秒信号的反相又和 Q_H 相"与"后去控制高音喇叭鸣叫；当计到分、秒从 59:59→00:00 时，鸣叫结束，完成整点报时。

6.鸣叫电路

鸣叫电路由高、低两种频率通过或门去驱动一个三极管从而带动喇叭鸣叫。1 kHz 和 500 Hz 可以从晶振分频器近似获得，分别由图 3.1.3 中 CD4060 分频器的输出端 Q_5 和 Q_6 输出。Q_5 端输出频率为 1024 Hz，Q_6 端输出频率为 512 Hz。

课题二 智力竞赛抢答计时器的设计

智力竞赛抢答计时器是一名公正的"裁判员",它的任务是从若干名参赛者中确定最快的抢答者,并要求该抢答者在规定的时间内回答完问题。

一、设计任务书

(一)设计题目:智力竞赛抢答计时器的设计

(二)技术要求

1.设计一个三人参加的智力竞赛抢答计时器。

2.当有某一参赛者首先按下抢答开关时,相应显示灯亮并伴有声响。此时,抢答器不再接收其他输入信号。

3.电路具有回答问题时间控制功能。要求回答问题的时间小于等于 100 秒(显示为 0~99),时间显示采用倒计时方式。当达到限定时间时,发出声响以示警告。

(三)给定条件及元器件

1.要求电路主要选用中规模 CMOS 集成电路 CC4000 系列。

2.电源电压为 5~10 V。

3.本设计要求在数字电路实验箱上完成。

(四)设计内容

1.电路各部分的组成和工作原理。

2.元器件的选取及其电路图和功能。

3.电路各部分的调试方法。

4.在整机电路的设计调试过程中,遇到什么问题,其原因及解决的办法。

二、电路组成和工作原理

根据上面所说的技术要求,智力竞赛抢答计时器的组成框图如图 3.2.1 所示。

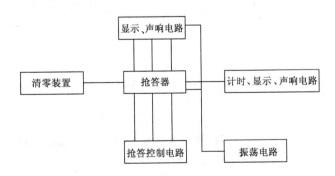

图 3.2.1 智力竞赛抢答计时器组成框图

它主要由六部分组成：

（1）抢答器——是智力竞赛抢答计时器的核心。当参赛者中任意一位首先按下抢答开关时，抢答器即刻接收该信号，使相应发光二极管亮（或声响电路发出声音），与此同时，封锁其他参赛者的输入信号。

（2）抢答控制电路——由三个开关组成。三名参赛者各控制一个，拨动开关使相应控制端的信号为高电平或低电平。

（3）清零装置——供比赛开始前裁判员使用。它能保证比赛前触发器统一清零，避免电路的误动作和抢答过程的不公平。

（4）显示、声响电路——比赛开始，当某一参赛者抢先按下抢答开关时，在信号的作用下，该路的发光二极管发出亮光或扬声器发出声响，以引起人们的注意。

（5）计时、显示、声响电路——是对抢答者回答问题时间进行控制的电路。若规定回答问题的时间小于等于 100 秒（显示为 0～99），那么显示装置应该是一个两位数字显示的计数系统。

（6）振荡电路——提供使抢答器、计时系统和声响电路工作的控制脉冲。

三、设计步骤及方法

图 3.2.2 为三人智力竞赛抢答计时器的原理图。

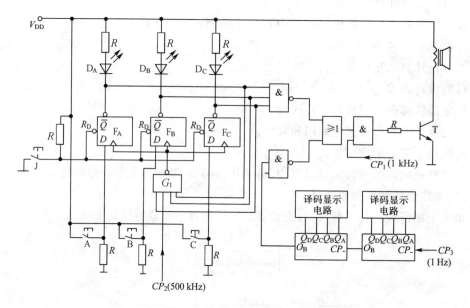

图 3.2.2　三人智力竞赛抢答计时器原理图

1.抢答控制电路

该系统由开关 A,B,C 组成，分别由三名参赛者控制。常态时开关接地，比赛时按下开关，使该端为高电平。为方便实验，抢答开关也可以利用实验箱上的逻辑电平开关。拨动逻辑电平开关，相当于输出逻辑高低电平。

2.抢答器

由图 3.2.2 看出，抢答器由三个 D 型触发器和与非门 G_1 组成。它的工作原理是：若参赛者 A 首先按下开关，使该端的输入信号为高电平，触发器 F_A 的输入端 D 接收该信

号使输出 Q 为高电平,相应的 $\overline{Q}$ 为低电平,这个低电平信号同时送到与非门 G_1 的输入端,与非门 G_1 被封锁,使控制触发器的 CP_2 脉冲信号由于与非门 G_1 被封锁而被拒之门外,触发器 F_B 和 F_C 因为不具备 CP_2 脉冲信号而不能接收开关 B 和 C 控制端送入的信号(其他两种情况类似)。因此该电路只接收第一个输入信号,即使此时其他参赛者也按下开关,但由于与非门已被封锁,信号是输不进去的。

3. 清零装置

为了保证电路正常工作,比赛开始前,裁判员都要将各触发器的状态统一清零。本设计利用 D 触发器的异步复位端实现清零功能。由表 3.2.1 可以看出,该 D 触发器的异步复位端 CR 低电平有效。因此,将各触发器的异步复位端统一用一个开关控制,正常比赛时,使 CR,PE 均处于高电平,用 $CR=0$ 实现清零功能。

4. 计时、显示、声响电路

计时电路采用倒计时方法,最大显示为 99。当裁判员给出"请回答"指令后,开始倒计时,当计时到"00"时,可驱动声响电路发出声响。倒计时器选用可预置数二-十进制同步可逆计数器(双时钟型)CC40192。CC40192 的功能表和外部引线排列分别见表3.2.1和图 3.2.3。

表 3.2.1　　　　　　　　　　CC40192 功能表

输 入								输 出			
CP_+	CP_-	CR	PE	A	B	C	D	Q_A	Q_B	Q_C	Q_D
×	×	1	×	×	×	×	×	0	0	0	0
×	×	0	0	a	b	c	d	a	b	c	d
↑	1	0	1	×	×	×	×	加	法	计	算
1	↑	0	1	×	×	×	×	减	法	计	算
1	1	0	1	×	×	×	×	保		持	

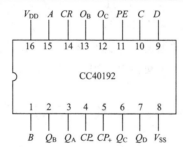

图 3.2.3　CC40192 外部引脚排列图

图 3.2.4 是用两片 CC40192 组成的一百进制减法计数器电路。

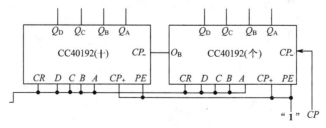

图 3.2.4　一百进制减法计数器

由功能表可以看出,要使电路实现倒计时(减法)功能,应使 $CR=0,PE=1,CP_+=1,CP_-=CP$。可用 CR 端接逻辑电平开关来控制计时器的工作。

显示、声响电路需要在两种情况下做出反应:一种是当有参赛者按下抢答开关时,相应电路中的发光二极管亮,同时推动输出级的扬声器发出声响;第二种情况是裁判员给出"请回答"指令后,计时器开始倒计时,若回答问题时间到达限定的时间,扬声器发出声响。

显示电路由发光二极管与电阻串联而成,发光二极管正极接电源端,负极接 D 触发器的 $\overline{Q}$ 端。当某参赛者按下开关时,该触发器接收信号使其输出 Q 端为高电平,相应的 $\overline{Q}$ 端为低电平,就有电流流过发光二极管使它发光。计时系统的驱动显示电路由 BCD 锁存-七段译码-驱动器 CC4511 和七段数码管组成,其工作原理可参照"数字电子钟"的有关内容。

声响电路由两部分组成:一是由门电路组成的控制电路(简称门控电路),二是三极管驱动电路。门控电路主要由或门组成,有两个输入:一个来自抢答电路各触发器输出 $\overline{Q}$ 的与非,这说明只要有一 $\overline{Q}$ 为低电平,就使该与非门输出为高电平并通过或门电路驱动扬声器发声;另一个来自计时系统高位计数器的借位信号 O_B,这说明计时电路在 99 秒向 98 秒,97 秒……2 秒,1 秒,0 秒倒计时后再向 99 秒转化并向高位借位时给出一个负脉冲,经反相器得到一个高电平。这个高电平信号也能使扬声器发声。为了保证电路可靠工作,也可采用由与非门构成的基本 RS 触发器驱动扬声器(参考"数字电子钟"的有关部分)。

5. 振荡电路

本设计需要产生三种频率的脉冲信号,一种是频率为 1 kHz 的脉冲信号,用于声响电路的 CP_1 信号;另一种是频率为 500 kHz 的脉冲信号,用于触发器的 CP_2 信号;第三种是频率为 1 Hz 的脉冲信号,用于计时电路的 CP_3 信号。以上信号可通过 555 定时器产生,也可通过由石英晶体组成的振荡器经过分频得到。设计方法可参考"数字电子钟"的有关内容,1 kHz 的脉冲也可从实验箱上获得。

四、安装和调试

由中规模集成 D 触发器 CC4013 组成的三人智力竞赛抢答计时器的逻辑电路图如图 3.2.5 所示。

CC4013 的功能表和外部引线排列分别见表 3.2.2 和图 3.2.6,CC4012 的外部引线排列如图 3.2.7 所示。

表 3.2.2　　　　CC4013 功能表

输入				输出	
CP	D	R	S	Q^{n+1}	$\overline{Q}^{n+1}$
↑	0	0	0	0	1
↑	1	0	0	1	0
↓	×	0	0	Q^n	$\overline{Q}^n$
×	×	1	0	0	1
×	×	0	1	1	0
×	×	1	1	不确定	

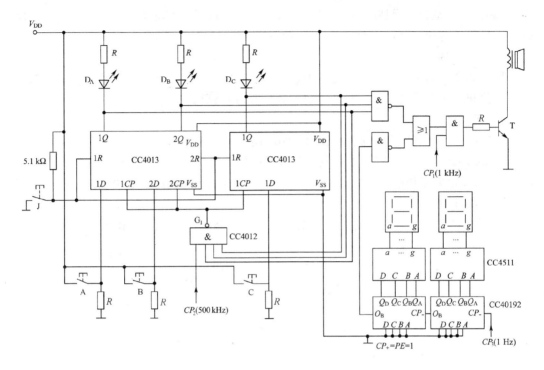

图 3.2.5 由 CC4013 组成的三人智力竞赛抢答计时器逻辑电路图

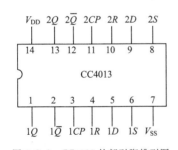

图 3.2.6 CC4013 外部引脚排列图

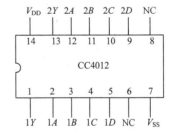

图 3.2.7 CC4012 外部引脚排列图

1. 抢答显示功能测试

按图 3.2.5 的有关部分在实验箱上连线,将开关 A、B、C 全部处于低电平。首先拨动开关 A,该端发光二极管亮,此时再拨动开关 B 或 C,观察其他发光二极管的情况。

2. 清零功能测试

在以上实验的基础上,将 CC4013 的所有 R 端连在一起通过开关 J 控制。由表 3.2.2 可以看出,CC4013 的异步控制信号高电平有效,因此可用 $R=1$ 实现清零功能。开关 J 可以利用实验箱上的逻辑电平开关。常态时,它处于低电平。拨动开关 J,观察发光二极管是否全灭。

3. 倒计时功能测试

按图 3.2.4 所示电路在实验箱上连线,计数器的输出可接发光二极管,在 CP 作用下,观察发光二极管显示情况。通过控制 CP 端的状态,再观察发光二极管显示情况。译码显示电路的连接方法可参考"数字电子钟"的有关内容。

4.声响电路功能测试

按图 3.2.5 的有关部分在实验箱上连线,可分别通过实验箱上的逻辑电平开关来控制与非门和反相器的输入端的状态,观察扬声器发声情况。

五、问题讨论

(1)利用 CC40192 的借位信号驱动声响电路

从 CC40192 的工作波形(参看器件手册)可以看出,其借位信号的脉冲周期是比较短的,为了保证电路工作的可靠性,可采用由与非门组成的 RS 触发器驱动(请参考"数字电子钟"的有关内容)。

(2)由 CC4042 四 D 型锁存器组成的四人抢答电路如图 3.2.8 所示,分析其原理。

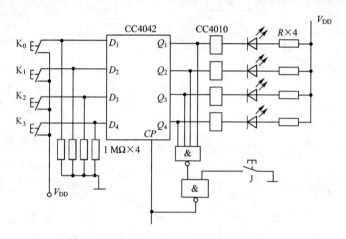

图 3.2.8　由 CC4042 组成的四人抢答电路

课题三　数字电压表的设计、组装与调试

一、目的

1.掌握数字电压表的设计、组装与调试方法。

2.熟悉集成电路 MC14433,MC1413,CD4511 和 MC1403 的使用方法,并掌握其工作原理。

二、设计内容及要求

1.设计数字电压表电路。

2.测量范围:直流电压 0～1.999 V,0～19.99 V,0～199.9 V,0～1999 V。

3.组装并调试 $3\frac{1}{2}$ 位数字电压表。

4.画出数字电压表电路图,写出总结报告。

5.选做内容:自动切换量程。

三、数字电压表的基本原理

数字电压表的作用是将被测模拟量转换为数字量,并进行实时数字显示。

本系统(如图 3.3.1 所示)可由 $3\frac{1}{2}$ 位 A/D 转换器 MC14433、七路达林顿驱动器阵列 MC1413、BCD 锁存-七段译码-驱动器 CD4511、能隙基准电源 MC1403 和共阴极 LED 数码管组成。

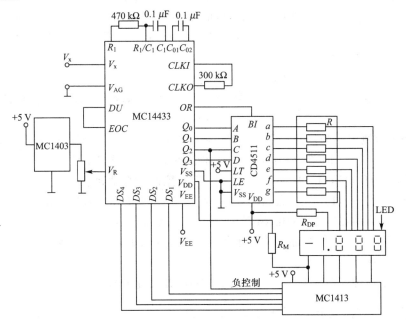

图 3.3.1　$3\frac{1}{2}$ 位数字电压表系统图

本系统是 $3\frac{1}{2}$ 位数字电压表。$3\frac{1}{2}$ 位是指十进制数 0000～1999，所谓 3 位是指个位、十位、百位，其数字均为 0～9；而所谓 $\frac{1}{2}$ 位是指千位，它不能从 0 变化到 9，而只能由 0 变到 1，即二值状态，所以称为 $\frac{1}{2}$ 位（或半位）。

各部分的功能如下：

$3\frac{1}{2}$ 位 A/D 转换器：将输入的模拟信号转换成数字信号。

基准电源：提供精密电压，供 A/D 转换器作为参考电压。

译码器：将二-十进制（BCD）码转换成七段显示信号。

驱动器：驱动显示器的 a,b,c,d,e,f,g 七个发光段，促使数码管（LED）进行显示。

显示器：将译码器输出的七段信号进行数字显示，读出 A/D 转换结果。

工作过程如下：

$3\frac{1}{2}$ 位数字电压表通过位选信号 $DS_1 \sim DS_4$ 进行动态扫描显示，由于 MC14433 电路的 A/D 转换结果采用 BCD 码多路调制方法输出，只要配上一块译码器，就可以将转换结果以数字方式实现四位数字的 LED 数码管动态扫描显示。$DS_1 \sim DS_4$ 输出多路调制选通脉冲信号，若其为高电平，则表示对应的数位被选通，此时该位数据在 $Q_0 \sim Q_3$ 端输出。每个 DS 选通脉冲（高电平）宽度为 18 个时钟脉冲周期，两个相邻选通脉冲之间的间隔为 2 个时钟脉冲周期。DS 和 EOC 的时序关系是在 EOC 脉冲结束后，紧接着是 DS_1 输出正脉冲，以后依次为 DS_2，DS_3 和 DS_4。其中 DS_1 对应最高位（MSD），DS_4 则对应最低位（LSD）。在对应 DS_2，DS_3 和 DS_4 选通期间，$Q_0 \sim Q_3$ 输出 BCD 全位数据，即以 8421 码方式输出对应的数字 0～9。在 DS_1 选通期间，$Q_0 \sim Q_3$ 输出千位的半位数 0 或 1 及过量程、欠量程和极性标志信号。

在位选信号 DS_1 选通期间，$Q_0 \sim Q_3$ 的输出内容如下：

Q_3 表示千位数，$Q_3 = 0$ 代表千位数的数字显示为 1，$Q_3 = 1$ 代表千位数的数字显示为 0。

Q_2 表示被测电压的极性。Q_2 的电平为 1，表示极性为正，即输入信号 $V_x > 0$。显示数的负号（负电压）由 MC1413 中的一只晶体管控制，其阴极与千位数阴极接在一起。当输入信号 V_x 为负电压时，Q_2 端输出置"0"，负号控制位使驱动器不工作，通过限流电阻 R_M 使显示器的"－"（即 g 段）点亮；当输入信号 V_x 为正电压时，Q_2 端输出置"1"，负号控制位使达林顿驱动器导通，电阻 R_M 接地，使"－"旁路而熄灭。

小数点显示：由正电源通过限流电阻 R_{DP} 供电点亮小数点。若量程不同则选通对应的小数点。

过量程是当输入电压 V_x 超过量程范围时，输出过量程标志信号 OR。

当 $\begin{cases} Q_3 = 0 \\ Q_0 = 1 \end{cases}$ 时，表示 V_x 处于过量程状态。

当 $\begin{cases} Q_3 = 1 \\ Q_0 = 1 \end{cases}$ 时，表示 V_x 处于欠量程状态。

当$OR=0$时,$|V_x|>1999$,则溢出。$|V_x|>V_R$则OR输出低电平。

当$OR=1$时,表示$|V_x|<V_R$。一般情况下OR为高电平,表示被测量在量程范围内。

MC14433的OR端与CD4511的消隐端BI直接相连,当V_x超出量程范围时,OR输出低电平。即$OR=0\rightarrow BI=0$,CD4511译码器输出全为0,使数码管显示的数字熄灭,而负号和小数点依然发亮。

四、器件使用说明

1.$3\frac{1}{2}$位 A/D 转换器——MC14433

在数字仪表中,MC14433 电路是一个低功耗 $3\frac{1}{2}$ 位双积分式 A/D 转换器。MC14433 电路总框图如图 3.3.2 所示。由图 3.3.2 可知,MC14433 A/D 转换器主要由模拟部分和数字部分组成。使用时只要外接两个电阻和两个电容就能实现 $3\frac{1}{2}$ 位的A/D转换功能。

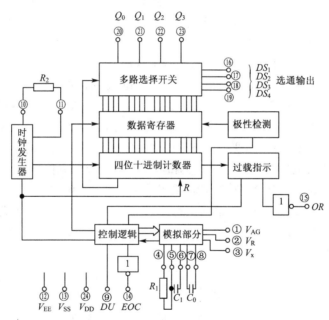

图 3.3.2　MC14433 电路总框图

(1)模拟部分　图 3.3.3 为 MC14433 内部模拟电路的工作原理示意图。其中共有 A_1,A_2,A_3 三个运算放大器和十多个电子模拟开关。A_1 接成电压跟随器,以提高 A/D 转换器的输入阻抗。由于 A_1 采用 CMOS 电路,所以输入阻抗在 $100\ M\Omega$ 以上。A_2 和外接的 R_1,C_1 构成一个积分放大器,完成 V/T 即电压-时间的转换。A_3 接成电压比较器,主要功能是完成"0"电平输出,由输入电压与零电压进行比较,根据两者的差值决定输出是"1"还是"0"。比较器的输出用作内部数字控制电路的一个判别信号。电容器 C_0 为自动调零失调补偿电容。

(2)数字部分　包括图 3.3.2 中除"模拟部分"以外的部分。其中四位十进制计数器为 $3\frac{1}{2}$ 位 BCD 码计数器,对反积分时间进行计数($0\sim1999$),并送到数据寄存器。数据寄

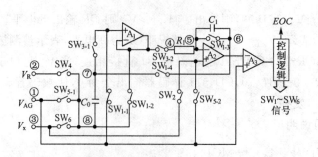

图 3.3.3　MC14433 内部模拟电路工作原理示意图

存器为 $3\frac{1}{2}$ 位十进制数据寄存器，在控制逻辑和实时取数信号(DU)作用下，锁定和存储 A/D 转换结果。多路选择开关，从高位到低位逐位输出多路调制 BCD 码 $Q_0 \sim Q_3$，并输出相应位的多路调制选通脉冲信号 $DS_1 \sim DS_4$。控制逻辑，是 A/D 转换的指挥中心，统一控制各部分电路的工作，它根据模拟部分比较器的输出接通电子模拟开关，完成 A/D 转换六个阶段的开关转换和定时转换信号以及过量程等功能标志信号。在对基准电压 V_R 进行积分时，令四位计数器开始计数，完成 A/D 转换。时钟发生器通过外接电阻构成反馈，并利用内部电容形成振荡，产生节拍时钟脉冲，使电路统一动作，这是一种施密特触发式正反馈 RC 多谐振荡器。一般外接电阻为 360 kΩ 时，振荡频率为 100 kHz；当外接电阻为 470 kΩ 时，振荡频率为 66 kHz；当外接电阻为 750 kΩ 时，振荡频率为 50 kHz；若采用外部时钟频率，则不要外接电阻，时钟频率信号从 $CLKI$(10 脚)端输入，时钟脉冲 CP 信号可从 $CLKO$(11 脚)端获得。极性检测，显示输入电压 V_x 的正负极性。过载指示(溢出指示)，当输入电压 V_x 超出量程范围时，输出过量程标志信号 OR。

　　MC14433 是双斜积分 A/D 转换器，采用电压-时间间隔(V/T)方式。通过先后对被测电压模拟量 V_x 和基准电压 V_R 的两次积分，将输入的被测电压转换成与其平均值成正比的时间间隔。用计数器测出这个时间间隔内的脉冲数目，即可得到被测电压的数字量。

　　双积分过程可以由下面的式子表示：

$$V_{01} = -\frac{1}{R_1 C_1} \int_{t_1}^{t_2} V_x \mathrm{d}t = -\frac{V_x}{R_1 C_1} T_1 \tag{3.3.1}$$

$$V_{02} = -\frac{1}{R_1 C_1} \int_{t_2}^{t_3} V_R \mathrm{d}t = -\frac{V_R}{R_1 C_1} T_x \tag{3.3.2}$$

$$\because V_{01} = V_{02} \qquad \therefore V_x = \frac{T_x}{T_1} V_R \tag{3.3.3}$$

　　式中，$T_1 = 4000 T_{CP}$。T_1 为定时间，T_x 为变时间，由 $R_1 C_1$ 决定斜率。若用时钟脉冲数 N 来表示时间 T_x，则被测电压就转换成了相应的脉冲数，实现了 A/D 转换。

　　如何选择积分回路元件的参数值 $R_1 C_1$？

　　积分电阻、电容的选择应根据实际条件而定。若时钟频率为 66 kHz，C_1 一般取 0.1 μF。R_1 的选择与量程有关，量程为 2 V 时，取 $R_1 = 470$ kΩ；量程为 220 mV 时，取 $R_1 = 27$ kΩ。

　　选取 R_1 和 C_1 的计算公式如下：

$$R_1 = \frac{V_{x(max)}}{C_1} \frac{T}{\Delta V_C} \tag{3.3.4}$$

式中，ΔV_C 为积分电容上充电电压幅度，有

$$\Delta V_C = V_{DD} - V_{x(max)} - \Delta V$$

$$\Delta V = 0.5 \text{ V}$$

$$T = 4000 \times \frac{1}{f_{CLK}}$$

例如，假定 $C_1 = 0.1 \ \mu\text{F}$，$V_{DD} = 5 \text{ V}$，$f_{CLK} = 66 \text{ kHz}$。当 $V_{x(max)} = 2 \text{ V}$ 时，代入式 (3.3.4) 可得 $R_1 \approx 485 \text{ k}\Omega$，取 $R_1 = 470 \text{ k}\Omega$。$3\frac{1}{2}$ 位 A/D 转换器设计了自动调零电路，其中缓冲器和积分器采用模拟调零方式，而比较器采用数字调零方式。在自动调零时，把缓冲器和积分器的失调电压存放在一个失调补偿电容 C_0 上，而将比较器的失调电压用数字形式存放在内部的寄存器中，A/D 转换系统自动扣除电容上和寄存器中的失调电压，就可得到精确的转换结果。

A/D 转换周期约需 16 000 个时钟脉冲数。若时钟频率为 48 kHz，则每秒可转换 3 次；若时钟频率为 86 kHz，则每秒可转换 5 次。

MC14433 采用 24 引线双列直插式封装，引脚排列如图 3.3.4 所示，各引脚功能说明如下：

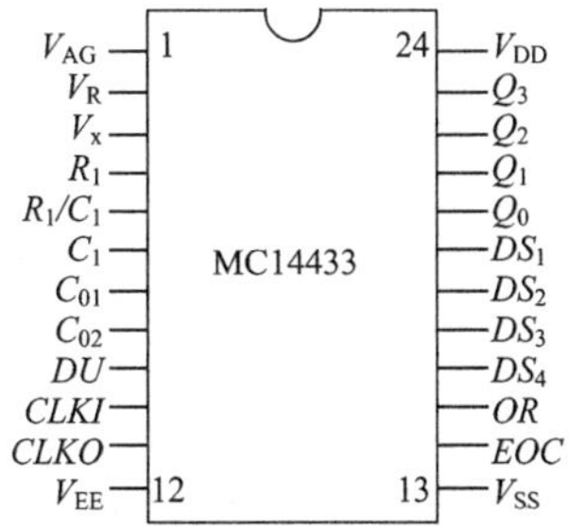

①端：V_{AG}，模拟地，是高阻输入端，作为输入被测电压 V_x 和基准电压 V_R 的参考地。

②端：V_R，基准电压端，是外接基准电压输入端。若此端加一个大于 5 个时钟周期的负脉冲（V_{EE} 电平），则系统复位到转换周期的起点。

图 3.3.4　MC14433 引脚排列图

③端：V_x，被测电压输入端。

④端：R_1，外接积分电阻端。

⑤端：R_1/C_1，外接积分元件（电阻和电容）的接点。

⑥端：C_1，外接积分电容端，积分波形由该端输出。

⑦和⑧端：C_{01} 和 C_{02}，外接失调补偿电容端。建议该两端外接失调补偿电容 C_0 取 0.1 μF。

⑨端：DU，实时输出控制端，主要控制转换结果的输出。若在双积分放电周期即阶段 5 开始前，在 DU 输入一正脉冲，则该周期转换结果将被送入输出锁存器并经多路选择开关输出，否则输出端继续输出锁存器中原来的转换结果。若该端通过一电阻和 EOC 短接，则每次转换的结果都将被输出。

⑩端：$CLKI$，时钟信号输入端。

⑪端：$CLKO$，时钟信号输出端。

⑫端：V_{EE}，负电源端，是整个电路的电源最负端，主要作为模拟电路部分的负电源。该端典型电流约为 0.8 mA，所有驱动电路的输出电流不流过该端，而是流向 V_{SS} 端。

⑬端：V_{SS}，负电源端。

⑭端：EOC，转换周期结束标志输出端，每一个 A/D 转换周期结束，EOC 端就输出一个正脉冲，其脉冲宽度为同期时钟信号的 1/2。

⑮端：OR，过量程标志输出端。当 $|V_x| > V_R$ 时，OR 输出低电平。正常量程内 OR 为高电平。

⑯～⑲端：对应为 $DS_4 \sim DS_1$，分别是多路调制选通脉冲信号个位、十位、百位和千位输出端。当 DS 端输出高电平时，表示此刻 $Q_0 \sim Q_3$ 输出的 BCD 码是该对应位上的数据。

⑳～㉓端：对应为 $Q_0 \sim Q_3$，分别是 A/D 转换结果数据输出 BCD 码的最低位（LSB）、次低位、次高位和最高位（MSB）输出端。

㉔端：V_{DD}，整个电路的正电源端。

2. 七段锁存-译码-驱动器 CD4511

CD4511 是专用于将二-十进制代码（BCD）转换成七段显示信号的专用标准译码器。它由四位闪锁、七段译码电路和驱动器三部分组成。如图 3.3.5 所示。

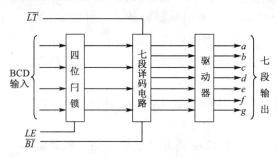

图 3.3.5　CD4511 功能图

（1）四位闪锁（LATCH）　它的功能是将输入的 A,B,C 和 D 代码寄存起来，该电路具有锁存功能，在锁存允许端 LE（即 LATCH ENABLE）控制下起闪锁电路的作用。

当 $LE=1$ 时，闪锁器处于锁存状态，四位闪锁封锁输入。此时它的输出为前一次 $LE=0$ 时输入的 BCD 码。

当 $LE=0$ 时，闪锁器处于选通状态，输出即输入的代码。

由此可见，利用 LE 端的控制作用可以将某一时刻的输入 BCD 代码寄存下来，使输出不再随输入变化。

（2）七段译码电路　将来自四位闪锁输出的 BCD 代码译成七段显示码输出，CD4511 中的七段译码器有两个控制端：

①$\overline{LT}$（LAMP TEST）灯测试端。当 $\overline{LT}=0$ 时，七段译码器为全 1 输出，数码管各段全亮显示；当 $\overline{LT}=1$ 时，译码器输出状态由 BI 端控制。

②$\overline{BI}$（BLANKING）消隐端。当 $\overline{BI}=0$ 时，七段译码器为全 0 输出，数码管各段熄灭；当 $\overline{BI}=1$ 时，译码器正常输出，数码管正常显示。

上述两个控制端配合使用，可使译码器完成显示上的一些特殊功能。

（3）驱动器　利用内部设置的由 NPN 管构成的射极输出器，加强驱动能力，使译码器输出的驱动电流可达 20 mA。

CD4511 电源电压 V_{DD} 为 5～15 V。它可与 NMOS 电路或 TTL 电路兼容工作。

CD4511 采用 16 引线双列直插式封装（见图 3.3.6）。其真值表见表 3.3.1。

表 3.3.1　　　　　　　　　　　　　　　**CD4511 真值表**

LE	$\overline{BI}$	$\overline{LT}$	D	C	B	A	a	b	c	d	e	f	g	显示
×	×	0	×	×	×	×	1	1	1	1	1	1	1	8
×	0	1	×	×	×	×	0	0	0	0	0	0	0	暗
0	1	1	0	0	0	0	1	1	1	1	1	1	0	0
0	1	1	0	0	0	1	0	1	1	0	0	0	0	1
0	1	1	0	0	1	0	1	1	0	1	1	0	1	2
0	1	1	0	0	1	1	1	1	1	1	0	0	1	3
0	1	1	0	1	0	0	0	1	1	0	0	1	1	4
0	1	1	0	1	0	1	1	0	1	1	0	1	1	5
0	1	1	0	1	1	0	0	0	1	1	1	1	1	6
0	1	1	0	1	1	1	1	1	1	0	0	0	0	7
0	1	1	1	0	0	0	1	1	1	1	1	1	1	8
0	1	1	1	0	0	1	1	1	1	0	0	1	1	9
0	1	1	1	0	1	0	0	0	0	0	0	0	0	暗
0	1	1	1	0	1	1	0	0	0	0	0	0	0	暗
0	1	1	1	1	0	0	0	0	0	0	0	0	0	暗
0	1	1	1	1	0	1	0	0	0	0	0	0	0	暗
0	1	1	1	1	1	0	0	0	0	0	0	0	0	暗
0	1	1	1	1	1	1	0	0	0	0	0	0	0	暗
1	1	1	×	×	×	×	取决于原来 $LE=0$ 时的 BCD 码							

使用 CD4511 时应注意输出端不允许短路,应用时电路输出端需外接限流电阻。

3. 七路达林顿驱动器阵列 MC1413

MC1413 采用 NPN 达林顿复合晶体管结构,因此具有很高的电流增益和很高的输入阻抗,可直接输入 MOS 或 CMOS 集成电路的输出信号,并把电压信号转换成足够大的电流信号以驱动各种负载。该电路含有 7 个集电极开路反相器(也称 OC 门)。MC1413 电路结构和引脚如图 3.3.7 所示,它采用 16 引线双列直插式封装。每一驱动器输出端均接有一释放电感负载能量的抑制二极管。

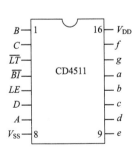

图 3.3.6　CD4511 引脚图

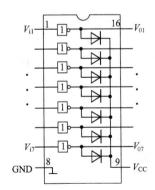

图 3.3.7　MC1413 电路结构和引脚图

4. 高精度低漂移能隙基准电源 MC1403

MC1403 的输出电压 $V_。$ 的温度系数为零,即输出电压与温度无关。该电路的特点是:①温度系数小;②噪声小;③输入电压范围大,稳定性能好,当输入电压从 $+4.5\ \text{V}$ 变

化到 $+15$ V 时,输出电压值变化量 $\Delta V_o < 3$ mV;
④输出电压值准确度较高,V_o 值为 $2.475\sim2.525$ V;
⑤压差小,适用于低压电源;⑥负载能力低,该电源
最大输出电流为 10 mA。MC1403 采用 8 引线双
列直插式封装,如图 3.3.8 所示。

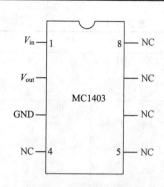

五、调试要点

(1)加电源电压。$V_{DD}=+5$ V,$V_{EE}=-5$ V。

(2)用示波器观察 MC14433 的 11 脚 f_{CLK} 时钟
频率。调整 R_2(见图 3.3.2)使 $f_{CLK}=66$ kHz。

(3)采用稳压电源,调整其输出电压为 1.999 V

图 3.3.8　MC1403 引脚图

或 199 mV,以此作为模拟量输入信号 V_x,此值须用标准数字电压表监视,然后调整基准
电压 V_R 的电位器,使 LED 显示量为 1.999 V 或 199 mV,此时将电位器的滑动端固定好。

(4)观察 MC14433 的 2 脚的积分波形。调整电阻 R_1 的值使 V_x 为 1.999 V 或
199 mV。积分器输出既不饱和,又能得到最大不失真摆幅。

(5)检查自动调零功能。当 MC14433 的 V_x 端与 V_{AG} 端短路或 V_x 端没有信号输入
时,LED 数码管应显示 0000。

(6)检查超量程溢出功能。调节 V_x 的值,当 V_x 为 2 V(或 $|V_x|>V_R$)时,观察 LED
数码管是否闪烁,这起到显示告警作用,此时 OR 端应为低电平。

(7)检查自动极性转换功能。将 $+1.99$ V 和 -1.99 V 先后加到 V_x 端,两次读数之差为
翻转误差,根据 MOTOROLA 公司的规定,正负极性转换时允许个位有 ±1 个字的误差。

(8)测试线性度误差。将输入信号 V_x 从 0 V 增大到 1.999 V,输出几个采样值,V_x
值用标准数字电压表监控,然后与 LED 显示量相比较。其最大偏差为线性误差。

(9)将输入信号 V_x 极性反转,重复步骤(8)。

(10)当 MC14433 的 9 脚与 14 脚直接相连时,观察是否有 EOC 信号。当 DU 端置
"0"时,观察 LED 显示量是否锁存。

(11)调试分压器,检查各量程是否准确。

六、供参考选择的元器件

(1)MC14433(或 5G14433)1 片。

(2)CD4511(或 5G4511)1 片。

(3)MC1413(或 5G1413)1 片。

(4)MC1403(或 5G1403)1 片。

(5)CC4501(或 CC4052)1 片。

(6)74LS194(或 CC40194)1 片。

(7)LM324 1 片。

(8)七段显示器 1 片。

(9)电阻、电容、导线等。

课题四　　数字脉搏测试仪的设计

一、概述

脉搏测试仪(脉搏计)是用来测量人体心脏跳动频率的有效工具。心脏跳动频率通常用每分钟心脏跳动的次数来表示。

采用脉搏计测量心脏跳动频率,不但精确,而且使用方便,显示结果也十分醒目。

(一)分析课题设计要求

正常人的脉搏是每分钟 60~80 次(婴儿为 90~140 次,老年人则为 50~150 次),这种频率信号属于低频范畴。因此,脉搏计是用来测量低频信号的装置,它的基本功能要求应该是:

1. 要把人体的脉搏(振动)信号转换成电信号,这就需要借助传感器。

2. 对转换后的电信号要进行放大和整形等处理,以保证其他电路能正常工作和处理。

3. 在很短的时间(若干秒)内,测出经放大后的电信号的频率值。

总之,脉搏计的核心是对低频电脉冲信号在固定的短时间内计数,最后以数字形式显示出来。可见,脉搏计的主要组成部分是计数器和数字显示器。

(二)确定总体设计方案

脉搏计的上述功能要求,可采用两个不同的方案来实现:

1. 把转换为电脉冲信号的脉搏信号,在单位时间内(比如一分钟或半分钟)进行计数,并用数字显示其计数值,从而得到每分钟的脉搏数。

2. 测量脉搏跳动固定次数(比如 5 次或 10 次)所需的时间,然后换算为每分钟的脉搏数。

这两种方案比较起来,第一种更直观,所需的电路结构更简单些;第二种测量误差比较小,但实现起来电路要复杂些。为了使脉搏计轻巧而便宜,通常采用第一种方案。以下进行的设计就基于这一方案。

这种设计方案的组成框图如图 3.4.1 所示。

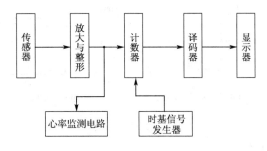

图 3.4.1　脉搏计组成框图

框图中各部分的作用是：

（1）传感器：将脉搏信号转换成相应的电脉冲信号。

（2）放大与整形：对微小电脉冲信号进行放大。

（3）时基信号发生器：产生固定时间（一分钟或半分钟）的控制信号，作为计数器的门控信号，使计数器只有在此期间才进行计数。

（4）计数、译码、显示器：在门控信号作用期间，计数器对电脉冲信号进行计数，然后译码器进行译码，最后由显示器（数码管）显示计数值。

（5）心率监测电路：当出现心律不齐时，应有所显示（告警）。

二、电路组成和工作原理

图 3.4.1 中的各单元电路，应根据设计要求和实际条件来决定。

（一）传感器

为了把脉搏信号转换成电脉冲信号，应采用压电式传感器。它有两种基本类型：石英晶体和压电陶瓷。石英晶体的温度稳定性和机械强度都很高，工作温度范围广，转换精度也高。而压电陶瓷是人工制造的压电材料。其优点是压电系数大、灵敏度高、价格便宜，只是温度稳定性和机械强度不如石英晶体好。

目前应用更多的是压电陶瓷。它在性能上能满足脉搏计的要求，同时成本低也是一个重要因素。

（二）放大与整形

通常采用运算放大器。它具有输入阻抗高、输出阻抗低以及电压放大倍数调节方便等许多优点，但在数字电路系统中也常用非门来构成运算放大器，如图 3.4.2(a)所示。由门电路的转换特性［如图 3.4.2(b)所示］可知，如果使它工作在线性区，它就有电压放大能力。图 3.4.2(a)中门电路的输出、输入端所连接的反馈电阻，正是为使其工作在线性区而设置的。

由门电路构成的放大电路，具有功耗小、稳定性高和成本低等优点，它的缺点是输出阻抗高和上限频率较低。

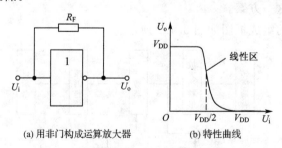

(a) 用非门构成运算放大器　　　(b) 特性曲线

图 3.4.2　运算放大器

（三）时基信号发生器

为了得到频率较低、脉冲宽度一定（比如一分钟）的时基信号，通常采用"振荡加分频"的方法。先用振荡器产生高频脉冲，然后经数次分频得到所要求的时基信号。这种方法能获得十分精确的脉冲宽度。现在有一些集成组件,其内部同时包含振荡和分频两部分电路,使用起来十分方便。常用的这种类型组件有 CD4060 和 CD4040。

（四）计数器

计数器的类型很多,选择余地较大,但最好选用有选通脉冲输出控制的计数器,以便采取动态扫描显示的方法,可以大大简化电路,节省器件。这种类型的计数器,最典型的是 CD4553。

（五）译码器和显示器

这部分没有其他特殊要求,一般只需根据所用的显示器件,选取合适的译码器即可。

三、设计任务书

设计题目:数字脉搏测试仪的设计。

（一）技术要求

1.应用数字电路实现在一分钟或半分钟内测量人体脉搏,并显示其数值。

2.测量误差不大于 2 次/min。

3.正常人脉搏为(60～80)次/min,老年人为(50～150)次/min,如出现心律不齐,要有所显示。

4.要求功耗低、体积小、重量轻。

（二）设计内容和要求

1.将压电陶瓷片作为脉搏传感器,用 LED 数码管显示数字。

2.确定设计方案,画出组成框图,简述每部分的功能和基本实现方法。

3.进行单元电路分析,选择合适的逻辑器件,采用动态扫描显示。

4.进行必要的计算,以确定主要元器件参数。

5.绘制完整的电路原理图。

6.组装电路并进行实验调试,说明调试步骤和基本原理。

7.对设计电路进行讨论,提出改进意见,简要进行误差分析。

四、电路设计与计算

根据任务书的要求和前面关于单元电路的分析,可以画出脉搏计的参考电路,如图 3.4.3 所示。

下面按各单元电路分别进行设计和计算。

（一）放大与整形电路

这部分电路如图 3.4.4 所示。其中非门 G_1 和 G_2 构成两级放大器,非门 G_3 和 G_4 构成施密特触发器,完成整形功能。

为了使非门 G_1 和 G_2 处于传输特性的线性区,应适当选取反馈电阻 R_1 的阻值。其阻值不能太小,否则非门的输出与输入之间的信号直接馈通。一般 R_1 应比非门的输出电阻 $R_o(R_o=8\sim15\text{ k}\Omega)$ 大三个数量级,但 R_1 的阻值也不能太大,否则将使工作点稳定性变差,甚至有可能偏离线性区,为此,R_1 应比非门的输入电阻 $R_i(R_i=10^{10}\ \Omega)$ 小 3～4 个数量级,所以 $R_1=1\sim10$ MΩ,可选为 5.1 MΩ、2.2 MΩ 等值。

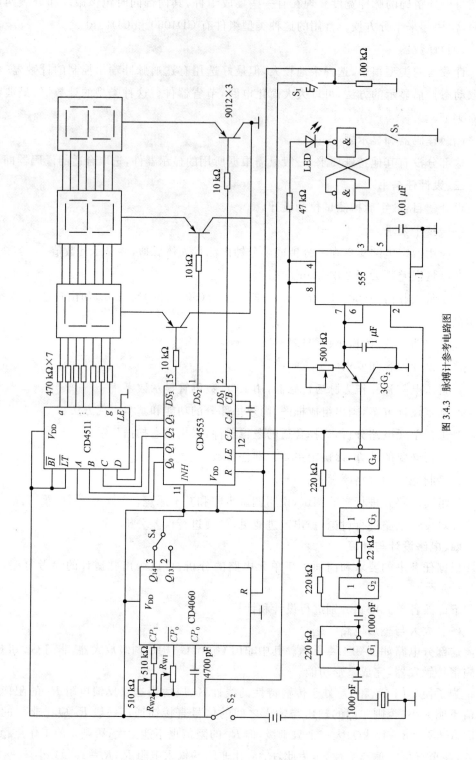

图 3.4.3 脉搏计参考电路图

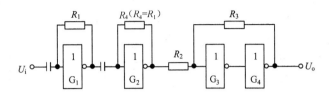

图 3.4.4 放大与整形电路

由非门构成的放大电路,其放大倍数约为 20 倍,一般是不可调的,如放大倍数不够,可将多级放大器级联起来增大放大倍数。

非门 G_3 和 G_4 通过正反馈构成施密特触发器,电阻比值 R_2/R_3 影响其回差值,一般先确定电阻 R_3,可根据

$$R_3 \geqslant \frac{U_{OH} - U_{TH}}{I_{OH(max)}}$$

选 R_3,式中 U_{OH} 为门电路的输出高电平($\approx V_{DD}$),U_{TH} 为门电路的阈值电压($\approx V_{DD}/2$),$I_{OH(max)}$ 为所选门电路的高电平输出电流的最大允许值。通常把 R_3 的阻值取得较大(>10 kΩ)。

当 R_3 选定后,即可确定电阻 R_2 的阻值,由于这里的施密特触发器主要用来对输入电压进行整形并提高抗干扰能力,通常可按 $R_2 = (0.01 \sim 0.1)R_3$ 的关系来选取电阻 R_2 的阻值。

(二)计数器电路

计数器是脉搏计的重要组成部分,电路采用 CD4553(或 MC14553)作为计数器。CD4553 有两个特点:

1.有多种功能:锁存控制、计数允许、计满溢出和清零等。

2.是三位 10 进制计数器,但只有一位输出端(输出 BCD 码),要完成三位输出,采用扫描输出方式,通过它的选通脉冲信号,依次控制三位 10 进制数的输出,从而实现扫描显示方式。

CD4553 的功能表见表 3.4.1,组成框图及引脚排列如图 3.4.5 所示。现在简要说明这些引脚的功能。

表 3.4.1　　　　CD4553 功能表

输　入				输　出
R	CL	INH	LE	
0	⌐	0	9	不　变
0	⌐_	0	0	计　数
0	×	1	×	不　变
0	1	⌐	0	计　数
0	1	⌐_	0	不　变
0	0	×	×	不　变
0	×	×	⌐	锁　存
0	×	×	1	锁　存
1	×	×	0	$Q_0 = Q_1 = Q_2 = Q_3 = 0$

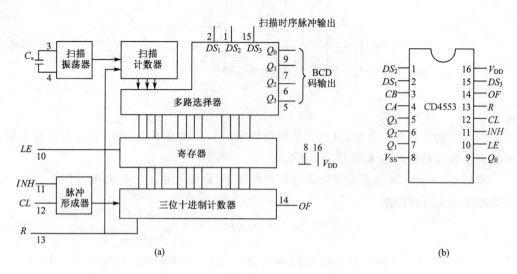

图 3.4.5 CD4533 组成框图及引脚排列

(1) CL(引脚 12)为计数脉冲输入端。

(2) INH(引脚 11)为计数允许控制端。当 INH 为"0"时,计数脉冲由 CL 端进入计数器;而当 INH 为"1"时,禁止计数脉冲输入计数器,计数器保持禁止前的最后计数状态。

(3) LE(引脚 10)为锁存允许端。当 LE 为"1"时,锁存器呈锁存状态而保持锁存器内的原有信息。

(4) R(引脚 13)为清零端,$R=1$ 时,计数器输出 $Q_0 \sim Q_3$ 皆为 0。

(5) 输出哪一位的计数值由选通脉冲 $DS_1 \sim DS_3$ 控制(低电平有效)。

(6) OF(引脚 14)为溢出控制端,当 CD4553 每计满 1000 个脉冲时,溢出控制端输出一个脉冲,而后又重新开始计数。

采用 CD4553 作为计数器主要有以下几点理由:

(1) 计数输出为 BCD 码,便于译码显示。

(2) 具有显示驱动扫描选通脉冲输出,可实现动态显示。

(3) 具有计数允许端(INH)和溢出控制端(OF),可满足其他功能的要求。

(三) 译码器和显示器电路

译码器的功能是把计数器 CD4533(或 MC14553)输出的计数结果(BCD 码)转换成七段字形码,以驱动数码管,实现数字或符号的显示。

CD4511 是常用的 BCD 码七段显示译码器。它本身由译码器和输出缓冲器组成,具有锁存、译码和驱动等功能,其输出最大电流可达 25 mA,可直接驱动共阴极 LED 数码管。

CD4511 的逻辑电路框图和引出端功能图在这里不再赘述。

译码显示采用扫描显示方式,使三位数字显示只需一片 CD4511 译码器,这种方式可简化电路,节省元件和降低功耗。扫描显示方式的电路如图 3.4.6 所示。该图为三位 LED 显示,所有位的七段码线都并联在一起,而各位数码管的共阴极(对共阴 LED 数码管而言)D_1,D_2,D_3分别被计数器 CD4553 输出的扫描时序脉冲 DS_1,DS_2,DS_3 控制(本设计电路中 $DS_1 \sim DS_3$ 经三极管 $BG_1 \sim BG_3$ 控制 $D_1 \sim D_3$,从而实现各位的分时选通显示)。但要注意,为了显示稳定,应使扫描时序脉冲的频率合适,频率过低将会使显示产生闪烁,而频率过高将会使显示产生余晖。扫描频率与显示数码管的位数有关。位数越多扫描频率应越高。通常取扫描频率为几百赫兹,可由 CD4553 接入的电容 C_S 值调整来决定。

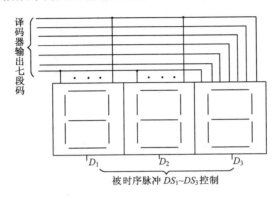

图 3.4.6　三位 LED 数码管显示电路

数码管限流电阻值需根据数码管电流的允许值进行计算。若把电路中的某位显示电路单独画出来,如图 3.4.7 所示,则限流电阻 $R_1 \sim R_7$ 可按下式进行估算:

$$R_{1\sim7}=\frac{U_{OH}U_D-U_{CE}}{I_S}$$

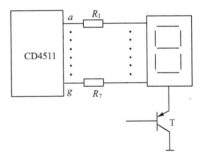

图 3.4.7　某位显示电路

式中 U_{OH} 为 CD4511 输出高电平($\approx V_{DD}$),U_D 为 LED 正向工作电压(为 $1.5 \sim 2$ V),I_S 为数码管的笔段电流(为 $5 \sim 10$ mA),U_{CE} 为三极管 T 的管压降(约为 1 V),则可求得 $R_1 \sim R_7$ 约为 0.5 kΩ。

上面的限流电阻也可以串接在三极管的集电极与地之间(这时原来三位显示器的三个三极管集电极要并联在一起),这样就可以用一个电阻代替原来的七个电阻。这种接法的限流电阻仍可用上式计算。但这时 I_S 不是数码管的笔段电流,而应该取七段电流的总和。

(四)时基信号发生器电路

前已述及,时基电路应产生一个方波定时脉冲,用来控制计数器 CD4553 的计数允许端 INH,以便使计数器在定时脉冲宽度所固定的时间内进行对脉搏电脉冲计数,固定时间为 1 分钟(或 30 秒)。

为了得到精确的定时信号(计数器的门控信号),可采用振荡、分频的方法,在参考电路中选用 CD4060 组件来完成这种功能。

CD4060 是一个 14 位二进制串行计数器(分频器),但是它内部除了有 14 个 T 型触发器(组成 14 位计数器)外,还包括一个振荡器。只要在 CP_1,CP_0 和 $\overline{CP_0}$ 端外接电阻和电容,就可以构成 RC 振荡器,有关电路在第二章中讨论过。

为了得到 60 秒脉宽的定时信号,RC 振荡器的输出脉冲需经 2^{14} 次分频得到,该单元

电路如图 3.4.8 所示,则 RC 振荡脉冲的频率 f_0 应为

$$f_0 \approx \frac{2^{14}}{60 \times 2} \approx 136 \text{ Hz}$$

当 CD4060 接成 RC 振荡器时,其振荡频率 f_0 与 RC 之间有以下近似关系:

$$f_0 \approx \frac{1}{2.2 R_\text{T} C_\text{T}}$$

电阻 R_T 的值应大于 $1 \text{ k}\Omega$,电容 C_T 应大于或等于 100 pF,一般可先选定电容 C_T 容量,再根据上式估算出电阻 R_T 的值。

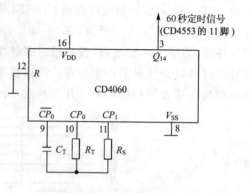

图 3.4.8　60 秒定时电路

电阻 R_S 是为了改善振荡器的稳定性,减少由于器件参数的差异而引起振荡周期的变化而接入的,R_S 的阻值应尽量大于 R_T,一般可取 $R_\text{S} = 10 R_\text{T}$,此时振荡周期的变化可大为减小。

为了得到准确的振荡频率,实际上 R_T 和 R_S 均应采用电位器,以便调整。

(五)心率监测电路(漏失脉冲检出电路)

图 3.4.3 所示的电路,不仅可以测出人的心脏每分钟跳动次数,还能够指示出心律是否正常。心率不正常(心律不齐)是指脉搏中间出现停跳的状态,即在连续的脉搏电信号中出现脉冲失落的现象。通常可采用漏失脉冲检出电路来进行监测,电路如图 3.4.9 所示。

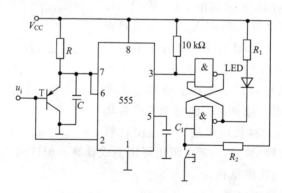

图 3.4.9　心率监测电路图

漏失脉冲检出电路的核心部分是由 555 定时器所组成的单稳态触发器,此外,在外接电容 C 的两端并联了一个三极管 T。

在没有输入触发脉冲前,电路处于稳态,输出端(555 定时器引脚 3)为低电平,$u_\text{o} = 0$。当输入端(555 定时器引脚 7)的触发脉冲下降沿到达后,电路进入暂稳态,输出端为高电平,$u_\text{o} = 1$。而后电源电压 V_CC 通过电阻 R 开始向电容 C 充电,当充电至 $u_\text{C} = \frac{2}{3} V_\text{CC}$ 时,电路又返回到稳态,输出端重新回到低电平,$u_\text{o} = 0$,这个稳态一直维持到下一个触发脉冲下降沿到达时为止。暂稳态持续时间(输出脉冲宽度 t_W)只取决于外接电阻 R 和电容 C 的大小,$t_\text{W} = 1.1RC$。单稳态电路的工作波形如图 3.4.10 所示。

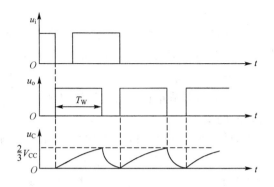

图 3.4.10　单稳态电路的工作波形

漏失脉冲检出电路的基本原理是使电路在没有漏失脉冲的情况下,电容 C 充电值始终达不到 $u_C = \dfrac{2}{3}V_{CC}$,于是输出端将一直维持高电平。但是,当有漏失脉冲时,电容 C 充电时间加长,可使电容 C 充电值达 $\dfrac{2}{3}V_{CC}$,于是电路由暂稳态返回稳态,输出端变为低电平。在下一个触发脉冲下降沿到达时,输出端又变为高电平,结果在漏失脉冲状态下,输出端产生一个负脉冲,它可作为有漏失脉冲的标志信号。现在结合图 3.4.9 所示电路和图 3.4.11 所示工作波形进行说明。

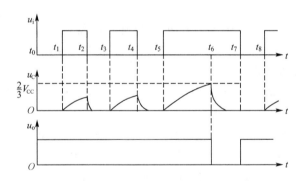

图 3.4.11　漏失脉冲检出电路工作波形

假设单稳态电路最初 $u_o = 1$,本来电容 C 应通过电阻 R 被电源电压 V_{CC} 充电,但此时 u_i 为低电平,晶体管 T 饱和导通,则 C 两端电压 u_C 将近似为 0,只有在 t_1 时刻后,由于 u_i 为高电平,晶体管 T 截止,电容 C 才开始充电,u_C 将近似线性增加。当到达 t_2 时刻时,电容 C 充电电压尚未达到 $\dfrac{2}{3}V_{CC}$,触发脉冲 u_i 的下降沿就出现了,在此后的 $t_2 \sim t_3$ 期间,电路 C 很快放电(因晶体管 T 导通),这样输出端电压 u_o 仍保持原来的高电平。在 t_3 时刻电容 C 又充电,未充到 $\dfrac{2}{3}V_{CC}$ 时,u_i 又产生下降沿。t_4 时刻,C 被充电,但由于在 $t_5 \sim t_7$ 期间有触发脉冲漏失,C 充电时间加长。在 t_6 时刻可使电容 C 充电至 $\dfrac{2}{3}V_{CC}$,使输出端 u_o 变为低电平,C 则通过 555 内部的开关管迅速放电。t_7 时刻有触发脉冲下降沿出现,从而使 u_o 回跳至高电平。可见有漏失脉冲时,输出端 u_o 就会出现一个负脉冲,它就是检出漏失脉冲的标志信号。

图 3.4.9 中的两个与非门组成 RS 触发器，用来记忆漏失脉冲的状态。这样，当有漏失脉冲(脉搏停跳一次)时，$u_。$ 出现负脉冲，通过 RS 触发器使发光二极管 LED 阴极为低电平，于是 LED 被点亮，以告知测试者。

为了能检出漏失脉冲，应适当调节单稳态触发器输出脉冲宽度($t_w = 1.1RC$)，使其稍大于输入脉冲(脉搏电信号)的周期。

由于正常人的心跳速度为 60～120 次/min，周期为 1～0.5 s，所以要求

$$1.1RC > (0.5 \sim 1) \text{s}$$

电容 C 的取值范围为几百皮法到几十微法，而电阻 R 应该采用电位器，以便于调整。

五、调试方法

在实验箱面包板上插接或在印刷电路板上焊接各元器件，经认真检查无误后即可开始调试。

(一)总体观察

将低频可调频率脉冲发生器的输出信号当作脉搏传感器的输出信号，见图 3.4.3，接通电源开关 S_2，如显示器显示无规则数字，表明电路工作基本正常。而后按下清零按钮 S_1，对计数器和定时器清零，则显示的计数值应不断增加，进一步说明电路的工作是正常的，否则要进行逐级检查。

(二)检查放大电路

仍将脉冲信号发生器作为输入信号源，用脉冲示波器观测放大电路和整形电路输出端电压波形，正常情况下应有 100 倍以上的放大，整形电路输出的电压波形应理想，否则可改动一下整形电路外接电阻值。

如果电压放大倍数较小，可改换成另外两个非门，或者再加一两级电压放大器。

(三)计数、译码显示电路的调试

将低频脉冲信号发生器的输出信号作为计数器的输入(加至 CD4553 的 13 引脚)，从 LED 数码管上读取数字，观察个、十、百位计数器是否都能完成逢十进一的功能。然后按下清零按钮 S_1，使两个计数器均清零，重新开始计数，数码管应反映这一状态。

如果读数出错，要检查三个数码管的排列顺序是否与选通脉冲 DS_1, DS_2, DS_3 对应。它们应分别对应个、十、百位，连线不要连错，另外应检查译码器各输出端是否与数码管的相应引脚正确连接。

(四)时基信号发生器电路的调试

定时电路 CD4060 的振荡频率应为 136 Hz，可用脉冲示波器观测 CD4060 引脚 9 的振荡波形，并调节引脚 10 和引脚 11 所接电位器 R_{w1} 和 R_{w2}，使振荡频率为要求值，然后用示波器观测 CD4060 的 Q_{14} 端(引脚 3)输出波形，它应完成 $2^{14} = 16\,384$ 次分频，即其周期应为 $\frac{1}{136} \times 16\,384 \approx 120$ 秒(对应的正、负脉冲宽度均为 60 秒)。

此时，再将低频脉冲信号发生器的输出作为计数器 CD4553 的计数脉冲，按下清零按钮 S_1，使计数器和定时器同时清零，用秒表记下此时的时间，随着计数脉冲的输入，数码管计数值不断增加，当计数值停止增加而稳定不动时，记下此时的时间，前后应刚好相差

1 分钟(否则仍需反复调电位器 R_{w1} 和 R_{w2})。

(五)漏失脉冲检出电路的调试

用低频脉冲发生器(或逻辑实验箱中的时钟脉冲源)输出的脉冲信号,作为漏失脉冲检出电路的输入信号(接至 555 定时器的引脚 2),调节检出电路中的三极管(3GG2)集-射极间并联电容的容量及电位器接入电路的阻值,在输入信号频率为 1~2 Hz(相当于每分钟心跳 60~120 次)时,使发光二极管不亮。这时用双踪示波器观测三极管的基极与发射极波形,电容两端的充电值没有达到 3 V。

去掉脉冲信号源,用移位寄存器产生一个串行序列信号 1101……加至晶体三极管的基极,再用双踪示波器观测基极和 555 定时器引脚 3 的波形,由于此时有漏失脉冲输入,电路应产生指示信号(负脉冲),同时发光二极管应被点亮。然后按下复位按钮,发光二极管不亮。

六、脉搏计的使用方法

可用 9 V 叠层电池作为电源,也可以使用稳压电源。

用松紧带将压电陶瓷片紧压在手腕的脉搏处,而后接通电源开关(S_2),显示器将显示无规则数字,这是接通瞬间电源的干扰脉冲造成的。紧接着按下清零按钮(S_1),则数码管数值将随着脉搏的跳动而逐渐增加,直至数值稳定不动,读出此数值,即每分钟的脉搏次数(该数值稳定一分钟后又继续计数闪动)。

测试另一个人的心率时,过程同上,但要注意不要忘记先按下清零按钮(S_1),使计数器和数码管重新由零开始计数和显示。

在测试过程中如发现指示发光二极管被点亮,则告知被测试人心律不齐,而后按下复位按钮(S_3),使发光二极管熄灭,再进行检测。

七、讨论

利用前述电路测出脉搏次数,测量一次需要一分钟,为了能在短时间内进行脉搏次数的检测,可采取以下一些方法:

(一)减小时基定时周期

比如可把原来的一分钟定时周期改成半分钟。为此,需把时基信号产生电路中的 2^{14} 次分频,改为 2^{13} 次分频,即应将 CD4060 的 Q_{13} 端(引脚 2)和计数器 CD4553 的计数允许端 INH(引脚 11)相连,由于这样测出的脉搏数表示的是半分钟的心跳次数,所以,要把读数结果乘以 2 才能得到心率。图 3.4.3 所示电路中的开关 S_4 正是为此而设置的,它的两个不同位置分别对应 2^{14} 和 2^{13} 次分频,实际测试时可供选择。

这种方法电路简单,但要经过把读数乘以 2 的过程,显得有些麻烦。

(二)设置倍频器

把经过放大整形后的脉搏信号的频率提高,通常进行四倍频,即将该信号的频率增大到原来的 4 倍,同时把计数时间由原来的 1 分钟缩短为 $\frac{1}{4}$ 分钟(即 15 秒),则计数显示的结果就是 1 分钟的脉搏跳动次数。这样做可大大缩短每次测量脉搏数所需要的时间。

图 3.4.12(a)所示电路为利用异或门构成的二倍频电路,其工作波形见图 3.4.12(b)。产生倍频的原理是基于异或门的逻辑功能和门电路的延迟时间,由图可以

看出,利用第一个异或门的延迟时间对第二个异或门所产生的作用,使输入脉冲由"0"变为"1"和由"1"变为"0"时都会产生脉冲输出,从而实现了二倍频。图中,外接电容 C 用来增加门电路的延迟时间,以增加输出脉冲宽度。

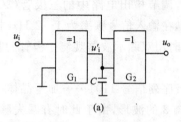
(a)

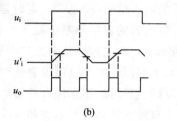
(b)

图 3.4.12　由异或门构成的二倍频电路及波形图

如果把两个二倍频电路串接起来,就可以构成四倍频电路。

此外,还可以用与非门构成倍频电路。图 3.4.13 所示电路是由两个与非门(其中之一接成反相器)和两个 RC 微分电路所构成的二倍频电路。其工作原理比较简单,这里就不详细说明了。

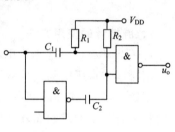

图 3.4.13　由与非门构成二倍频电路

课题五 交通信号灯控制逻辑电路设计

一、概述

为了确保十字路口的车辆顺利地通过,往往都采用自动控制的交通信号灯来进行指挥。其中,红灯(R)亮表示该条道路禁止通行;黄灯(Y)亮表示停止;绿灯(G)亮表示允许通行。

交通信号灯控制器的系统框图如图 3.5.1 所示。

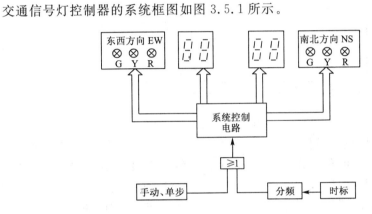

图 3.5.1 交通信号灯控制器系统框图

二、设计任务和要求

设计一个十字路口交通信号灯控制器,其要求如下:

1.满足如图 3.5.2 所示的顺序工作流程。

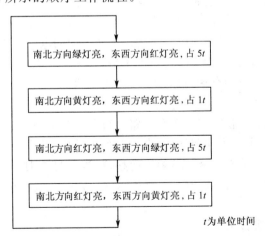

图 3.5.2 交通信号灯顺序工作流程图

设南北方向的红、黄、绿灯分别为 NSR、NSY、NSG,东西方向的红、黄、绿灯分别为 EWR、EWY、EWG。

它们的工作方式,有些必须是并行进行的,即南北方向绿灯亮,东西方向红灯亮;南北方向黄灯亮,东西方向红灯亮;南北方向红灯亮,东西方向绿灯亮;南北方向红灯亮,东西方向黄灯亮。

2. 应满足两个方向的工作时序:即东西方向红灯亮的时间应等于南北方向黄、绿灯亮的时间之和;南北方向红灯亮的时间应等于东西方向黄、绿灯亮的时间之和。时序工作波形如图 3.5.3 所示。

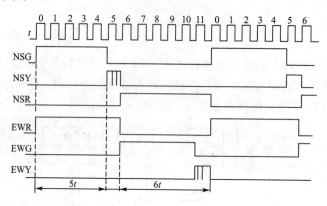

图 3.5.3　交通信号灯时序工作波形图

图 3.5.3 中,假设单位时间为 3 秒,则南北方向绿、黄、红灯亮的时间分别为 15 秒、3 秒、18 秒,一次循环为 36 秒。其中红灯亮的时间为绿灯亮和黄灯亮(闪烁)的时间之和。

3. 十字路口要有数字显示,作为时间提示,以便人们更直观地把握时间。具体为:当某方向绿灯亮时,置显示器为某值,然后以每秒减"1"计数方式工作,直至减到数为"0"为止,十字路口红、绿灯交换,一次工作循环结束,再进入下一方向的工作循环。

例如:当南北方向从红灯转换成绿灯时,置南北方向数字显示为"18",并使显示器开始减"1"计数;当减到绿灯灭而黄灯亮(闪烁)时,数字显示为"3";当减到"0"时,黄灯灭,而南北方向的红灯亮;同时,使得东西方向的绿灯亮,并置东西方向的数字显示为"18"。

4. 可以手动调整和自动控制,夜间为黄灯闪烁。

5. 在完成上述任务后,可以对电路进行以下两方面的电路改进或扩展。

(1)设某一方向(如南北)为十字路口主干道,另一方向(如东西)为次干道;主干道由于车辆、行人多,而次干道的车辆、行人少,所以主干道绿灯亮的时间,可选定为次干道绿灯亮的时间的 2 倍或 3 倍。

(2)用 LED 发光二极管模拟汽车在道路上行驶。当某一方向绿灯亮时,这一方向的发光二极管接通,并一个一个向前移位,表示汽车在行驶;当黄灯亮时,发光二极管就停止移位,而过了十字路口,发光二极管继续向前移位;当红灯亮时,则另一方向转为绿灯亮,那么,这一方向的发光二极管就开始移位(表示这一方向的汽车在行驶)。

三、可选用器材

1. 数字电子技术实验系统。

2. 直流稳压电源。

3. 交通信号灯及汽车模拟装置。

4. 集成电路:74LS74,74LS164,74LS168,74LS248。

5. 显示器:LC5011-11,发光二极管。

6. 电阻。

7. 开关。

四、设计方案提示

根据设计任务和要求,参考交通信号灯控制器的系统框图(图 3.5.1),设计方案可以从以下几部分进行考虑。

1. 秒脉冲和分频器

因十字路口每个方向绿、黄、红灯所亮的时间比例分别为 5:1:6,所以,若选 4 秒(也可以是 3 秒)为单位时间,则计数器每计 4 秒(或 3 秒)输出一个脉冲。这一电路就很容易实现,逻辑电路参考前一课题。

2. 交通信号灯控制器

由波形图(图 3.5.3)可知,计数器每次工作循环周期为 12,所以可以选用十二进制计数器。计数器可以由单触发器组成,也可以由中规模集成计数器组成。这里我们选用中规模 74LS164 八位移位寄存器组成扭环形十二进制计数器。扭环形计数器的状态表如表 3.5.1 所示。根据状态表,我们不难列出东西方向和南北方向绿、黄、红灯的逻辑表达式。

表 3.5.1　　　　　　　　扭环形计数器状态表

CP	计数器输出						南北方向			东西方向		
	Q_0	Q_1	Q_2	Q_3	Q_4	Q_5	NSG	NSY	NSR	EWG	EWY	EWR
0	0	0	0	0	0	0	1	0	0	0	0	1
1	1	0	0	0	0	0	1	0	0	0	0	1
2	1	1	0	0	0	0	1	0	0	0	0	1
3	1	1	1	0	0	0	1	0	0	0	0	1
4	1	1	1	1	0	0	1	0	0	0	0	1
5	1	1	1	1	1	0	0	↑	0	0	0	1
6	1	1	1	1	1	1	0	0	1	1	0	0
7	0	1	1	1	1	1	0	0	1	1	0	0
8	0	0	1	1	1	1	0	0	1	1	0	0
9	0	0	0	1	1	1	0	0	1	1	0	0
10	0	0	0	0	1	1	0	0	1	1	0	0
11	0	0	0	0	0	1	0	0	1	0	↑	0

东西方向　绿:$EWG = Q_4 \cdot Q_5$　　　　　　南北方向　绿:$NSG = Q_4 \cdot Q_5$

　　　　　黄:$EWY = Q_4 \cdot Q_5 (EWY' = EWY \cdot CP_1)$　　　黄:$NSY = Q_4 \cdot Q_5 (NSY' = NSY \cdot CP_1)$

　　　　　红:$EWR = Q_5$　　　　　　　　　　　红:$NSR = Q_5$

由于黄灯要求闪烁几次,所以用时标 1 s 和 EWY 或 NSY 黄灯信号相"与"即可。

3. 显示控制部分

显示控制部分,实际上是一个定时控制电路。当绿灯亮时,减法计数器开始工作(用对方的红灯信号控制),每来一个秒脉冲,计数器减 1,直到计数器为"0"时停止。译码显示可用 74LS248 BCD 码七段译码器,显示器用 LC5011-11 共阴极 LED 显示器,计数器采用可预置加、减法计数器,如 74LS168、74LS193 等。

4. 手动/自动控制、夜间控制

可用一选择开关实现。置开关在手动位置,输入单次脉冲,可使交通信号灯处在某一位置上;开关在自动位置时,则交通信号灯按自动循环工作方式运行;夜间时,将夜间开关接通,黄灯闪烁。

5. 汽车模拟控制

用移位寄存器组成汽车模拟控制系统,即当某一方向绿灯亮时,则绿灯亮"G"信号,使该方向的移位通路打开,而当黄、红灯亮时,则使该方向的移位通路关闭。如图 3.5.4

所示为南北方向汽车模拟控制电路。

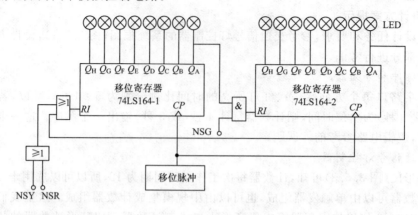

图 3.5.4　南北方向汽车模拟控制电路

五、参考电路

根据设计任务和要求,交通信号灯控制器参考电路如图 3.5.5 所示。

六、参考电路简要说明

1.单次手动及脉冲电路

单次脉冲是由两个与非门组成的 RS 触发器产生的。当按下 K_1 时,有一个脉冲输出使 74LS164 移位计数,实现手动控制。K_2 在自动位置时,秒脉冲电路四分频后,脉冲输出给 74LS164,使 74LS164 每 4 秒向前移一位(计数 1 次)。秒脉冲电路可由晶振或 RC 振荡电路构成。

2.控制器部分

它由 74LS164 组成扭环形计数器,然后经译码后,输出十字路口南北、东西两个方向的控制信号。其中黄灯须闪烁;在夜间时,黄灯须闪烁,而绿、红灯灭。

3.控制器部分

当南北方向绿灯亮,而东西方向红灯亮时,南北方向的 74LS168 以减法计数器方式工作,从数字"24"开始往下减,当减到"0"时,南北方向绿灯灭,红灯亮,而东西方向红灯灭,绿灯亮。由于东西方向红灯灭信号($EWR=0$),使与门关断,减法计数器工作结束,而南北方向红灯亮,使另一方向——东西方向减法计数器开始工作。

在减法计数开始之前,由黄灯亮信号使减法计数器先置入数据,图中接入 U/D 和 LD 的信号就是由黄灯亮(为高电平时),置入数据,黄灯灭($Y=0$),而红灯亮($R=1$)时开始减计数。

4.汽车模拟控制电路

这一部分电路参考图 3.5.4。当黄灯(Y)或红灯(R)亮时,RI 这端为高(H)电平,在 CP 移位脉冲作用下,而向前移位,高电平"H"从 Q_H 一直移到 Q_A(图中 74LS164-1)。由于绿灯在红灯和黄灯为高电平时,它为低电平,所以 74LS164-1 的 Q_A 信号就不能到 74LS164-2 移位寄存器的 RI 端。这样,就模拟了当黄、红灯亮时汽车停止的功能。而当绿灯亮,黄、红灯灭($G=1,Y=0,R=0$)时,74LS164-1,74LS164-2 都能在 CP 移位脉冲作用下向前移位。这就意味着,保证了绿灯亮时汽车向前运行这一功能。

要说明一点,交通信号灯控制器的实现方法很多,这里就不一一举例了。

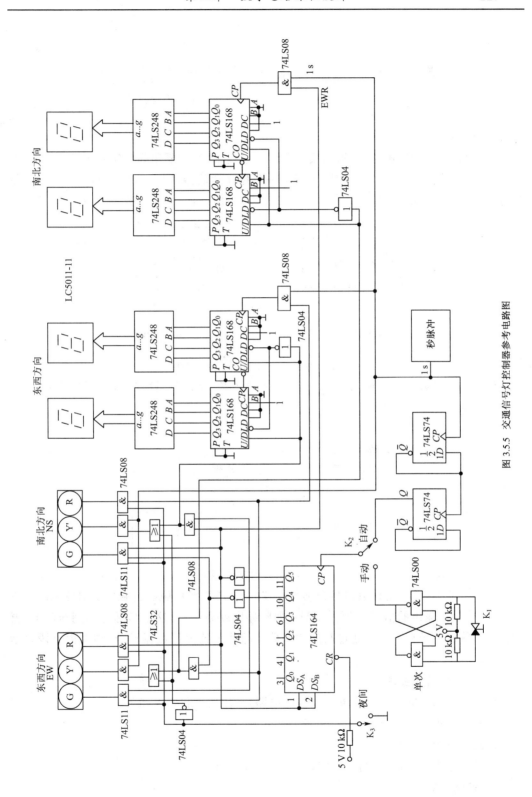

图 3.5.5 交通信号灯控制器参考电路图

课题六　数字频率计逻辑电路设计

一、概述

在进行模拟、数字电路的设计、安装和调试过程中,经常要用到数字频率计。

数字频率计(频率计数器)实际上就是一个脉冲计数器,即在单位时间里(如1秒)统计脉冲个数,如图3.6.1所示。频率即在1秒内通过与门的脉冲个数。

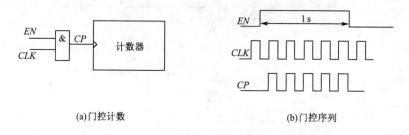

(a)门控计数　　　　　　　　(b)门控序列

图3.6.1　数字频率计逻辑图及时序波形图

通常频率计数器是由输入整形电路、时钟振荡器、分频器、量程选择开关、计数器、显示器等组成。如图3.6.2所示。

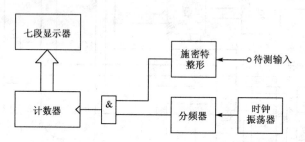

图3.6.2　频率计数器框图

在图3.6.2中,由于计数信号必须为方波信号,所以要用施密特触发器对输入波形进行整形,分频器输出的信号必须为1 Hz,即脉冲宽度为1秒,这个秒脉冲加到与门上,就能检测到待测信号在1秒内通过与门的个数。脉冲个数由计数器计数,结果由七段显示器显示。

二、设计任务和要求

设计一个八位的频率计数器逻辑控制电路,具体任务和要求如下:

1.八位十进制数字显示。

2.测量范围为1 Hz～10 MHz。

3.量程分为四挡,分别为×1000,×100,×10,×1。

三、可选用器材

1.数字电子技术实验系统。

2.直流稳压电源。

3.集成电路：

频率计数器专用芯片 ICM7216B,74LS93,74LS123,74LS390,7555 及门电路。

4.晶振:8 MHz,10 MHz。

5.数显器:CL102,CL002,LC5011-11。

6.电阻、电容等。

四、设计方案提示

频率计数器可以分三部分进行考虑。

1.计数、译码、显示

这一部分是频率计数器必不可少的。即经外部整形后的脉冲,通过计数器在单位时间内进行计数、译码和显示。计数器选用十进制的中规模(TTL/CMOS)集成计数器,译码显示可采用共阴或共阳的配套器件。例如计数器为74LS161,译码器为74LS248,数显器为 LC5011-11。也可选用四合一计数、寄存、译码、显示器 CL102 或专用大规模频率计数器 ICM7216 等。

中规模计数、译码、显示和四合一数显器,我们在基本实验和前几个课题中已使用过,使用时可参阅有关章节。下面介绍专用八位通用频率计数器 ICM7216 的特点及性能。

ICM7216 是用 CMOS 工艺制造的专用数字集成电路,专用于频率、周期、时间等的测量。ICM7216 有 28 个引脚,其电源电压为 5 V。针对不同的使用条件和用途,ICM7216 有四种类型产品,其中显示方式为共阴极 LED 显示器的为 ICM7216 B 型和 D 型,而显示方式为共阳极 LED 显示器的为 ICM7216 A 型和 C 型。图 3.6.3 为 ICM7216 B 型 (ICM7216B)的引脚排列图。A、C、D 型的引脚排列定义略有区别,但功能一样,使用时参阅有关 ICM7216 产品手册即可。

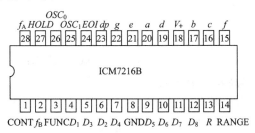

图 3.6.3　ICM7216B 引脚排列图

在图 3.6.3 中,各引脚的功能为:

$a \sim g$:七段数码管的输出端,ICM7216B 接共阴数码管。

f_A,f_B:频率计数输入端。

V_+:电源正极,为单电源 5 V。

GND:电源地端。

HOLD:保持控制输入端,高电平有效。

R:复位输入端,低电平有效。

dp:数码管小数点。

OSC_0，OSC_1：晶振输入端，可以直接选用 10 MHz 或 1 MHz 晶振构成高稳定时钟振荡器。

EOI：它是 EX-OSC-IN 的缩写，即外时钟输入端。若用外时钟，则不需要在 OSC_0、OSC_1 端接晶振。

$D_1 \sim D_8$：显示器段扫描输出位及控制用连接位。用于控制选择 CONT，功能选择 FUNC，量程选择 RANGE，具体功能见表 3.6.1。

表 3.6.1　　　　　　ICM7216B 功能选择

控制端	连接位	功能
	D_4	当 $HOLD=0$ 时消稳显示器
	D_8	显示器全亮（被测）
控制选择 CONT	D_2	选用 1 MHz 晶振
	D_1	选用外振荡器时钟
	D_3	选用外控 dp 工作
	D_5	器件测试分析用
	D_1	测频率 f_A(F)
	D_8	测周期 T_A(J)
功能选择 FUNC	D_2	测频率比 f_A/f_B(FR)
	D_5	测时间 $A{-}B$(TIME)
	D_4	计数 A(V·C)
	D_3	测振荡时钟频率(FOSC)
	D_1	0.01 秒/1 周
量程选择 RANGE	D_2	0.1 秒/10 周
	D_3	1 秒/100 周
	D_4	10 秒/1000 周

CONT：控制选择输入端。

FUNC：功能选择输入端。

RANGE：量程选择输入端。

在应用过程中，各控制端（CONT，FUNC，RANGE）应串联 10 kΩ 电阻分别接到连接位（$D_1 \sim D_5$ 或 D_8），以提高其抗干扰能力。

它的具体应用见参考电路图 3.6.5。

2. 整形电路

由于待测的信号是各种各样的，有三角波、正弦波、方波等，所以要使计数器准确计数，必须将输入波形进行整形，通常采用的是施密特集成触发器。施密特触发器也可以由 555(7555) 或其他门电路构成。

3. 分频器

分频器一般用计数器实现，例如用十进制计数器去分频，获得 1 MHz 脉冲。

十进制计数器用 74LS160，74LS161，74LS90，74LS290，74LS390 等均可实现。

4. 量程选择

由于输入频率有大有小，所以当测低频时，量程开关选择在 ×1 或 ×10 的位置，而测高频时，应设置在 ×100 或 ×1000 的位置；在电路处理上，就是将单位时间缩小为 $\dfrac{1}{1000}$、

$\dfrac{1}{100}$、$\dfrac{1}{10}$ 等，即在 $\dfrac{1}{1000}$ 秒测得的数值，其量程值为数显值×1000；$\dfrac{1}{100}$ 秒测得的数值，其量程值为数显值×100，依此类推。所以我们这里选用 $\dfrac{1}{1000}$、$\dfrac{1}{100}$、$\dfrac{1}{10}$、1 秒四挡作为脉冲输入的门控时间，完成量程的选择。

五、参考电路

根据设计任务和要求，频率计逻辑电路可由中大规模集成电路或专用频率计数器构成，参考电路分别如图 3.6.4 和图 3.6.5 所示。

六、参考电路简要说明

1. 图 3.6.4 采用 8 只 CMOS 电路 CL102 四合一显示器完成计数、寄存、译码、显示功能。

输入待测频率经 7555 电路进行整形后，输给 CL102 进行计数。

由晶振（8 MHz）与门电路组成的振荡器经 74LS93 和 74LS390 分频后，分别获得 1 MHz、100 kHz、10 kHz、1 kHz、100 Hz、10 Hz、1 Hz 脉冲。图中 74LS93 为八分频器，74LS390 为双十进制计数器。

1 Hz 脉冲控制计数器的计数时间：在计数器清零之前，将计数器的计数值送给显示器，其时序图如图 3.6.6 所示。

74LS123 是单稳态触发器，其主要作用：U_1 将 1 Hz 脉冲变成窄脉冲，将 CL102 计数器的数据寄存显示；U_2 产生的窄脉冲是计数器的清零脉冲，相对于送数脉冲延时了 100 ns 左右，以保证寄存器的数据正确，其频率由开关 K 分别置在 4、3、2、1 位置控制，可完成×1，×10，×100，×1000 等几种不同的量程。如测试量程不用开关，则需增加显示器的数量，从而达到满意的量程。小数点的控制可根据量程确定，点亮的显示器的 dp 端接 +5 V，其他位的 dp 接到地，如不需要显示小数点，可全部接地。

2. 在图 3.6.5 中，数显器为共阴极八位 LED 数显器，型号为 LC5011-11，晶振为 10 MHz。频率从 f_A 或 f_B 输入。8 只数显器 LC5011-11 的 $a\sim g,dp$ 全部连在一起，分别接 ICM7216B 的 $a\sim g,dp$ 端，数码管的公共端 $COM_8\sim COM_1$ 分别接 ICM7216B 的 $D_8\sim D_1$ 端。

S_1 为量程（自动小数点）选择开关，S_2 为测量功能选择开关，工作模式选控开关为 $S_3\sim S_7$，保持按钮为 HOLD，复位开关为 R。

如果外接 1 MHz 晶振工作，就应把开关 S_7 连通（ON）。其余模式选择方法类推，可参考前述表 2.5.1。在 $S_3\sim S_7$ 上串接隔离二极管，可防止有两只以上开关连通时输出互为负载而损坏器件。

送入 f_A,f_B 信号，可以是 TTL 电平，也可以是 HCMOS 电平，如果是 CC4000 系列器件送来的信号，则应当把连到 V_+ 的 3 kΩ 电阻增大到 10 kΩ 以上或者去掉。通常用单稳电路作为输入波形整形电路。本电路若将输入信号进行 10 分频，则测量范围可以提高 10 倍。

3. 图 3.6.4、图 3.6.5 所示的参考电路中，有些 IC 电源和地未画出，使用时应加上。

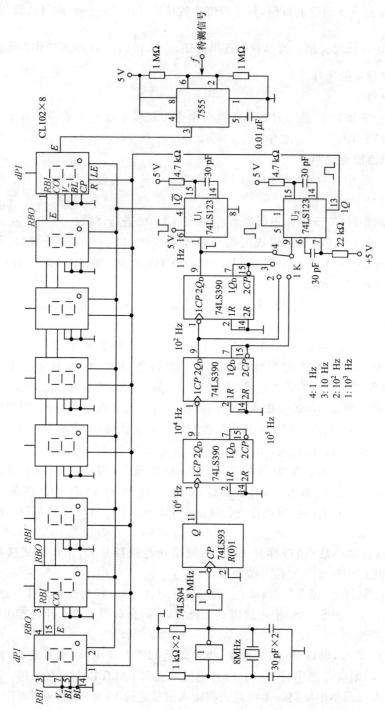

图 3.6.4　数字频率计逻辑控制电路参考图之一

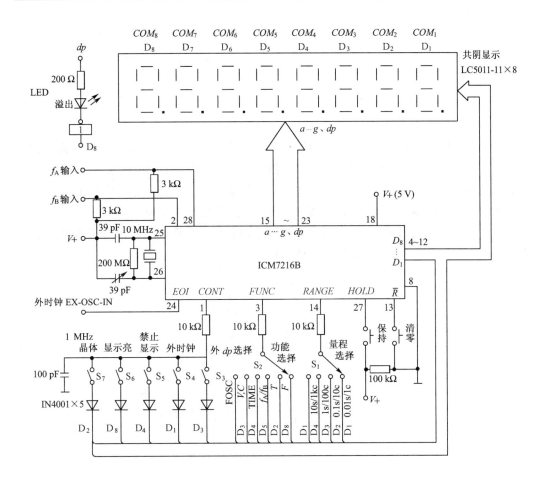

图 3.6.5 数字频率计逻辑控制电路参考图之二

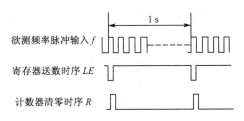

图 3.6.6 清零送数时序波形图

课题七　定时控制器逻辑电路设计

一、概述

为了能使仪器在特定的时间工作,通常需要人在场干预才能完成。本课题设计的定时控制器,就是能使你不在时,仪器也能按时打开和关闭。例如你想用录音机、录像机录下某一时间段的节目,而在这一段时间你又有其他事要做,不在家或机器旁边,你就可以事先预置一下定时器。在几点几分准时打开机器,到某时某刻关掉机器。

定时控制器由电源单元、数字电子钟单元、定时单元以及控制输出单元等几部分组成。如图 3.7.1 所示为定时控制器系统框图。

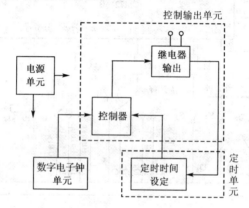

图 3.7.1　定时控制器系统框图

二、设计任务和要求

设计一个带数字电子钟的定时控制器逻辑电路,具体任务和要求如下:

1.具有电子钟功能,显示四位数。

2.可设定定时开始(起动)时间与定时结束(判断)时间。

3.定时开始,指示灯亮;定时结束,指示灯灭。

4.定时范围可以选择。

三、可选用器材

1.数字电子技术实验系统。

2.直流稳压电源。

3.8421BCD 码拨码开关。

4.集成电路:CD4060,74LS90,74LS92,74LS48,74LS112,74LS84。

5.石英晶振 32 768 Hz。

6.继电器 DC-12V。

7.电阻、电容、三极管。

8.显示器:LC5011-11,发光二极管。

四、设计方案提示

1.电源单元电路

本系统电源,如不用实验室电源,可以采用三端集成稳压器获得+5 V 稳压输出,如图3.7.2所示。

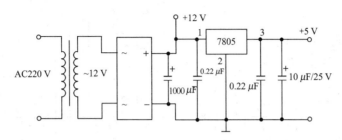

图 3.7.2　定时器电源单元电路

2.数字电子钟单元电路

这一部分与课题一"数字电子钟逻辑电路设计"所讲电路相同。它分别由秒脉冲发生器,秒、分、时计数器,译码器,显示器等组成。这里只要求设计成四位数显示。"分"从 00 至 59,"时"从 00 至 23,"秒"可以用发光二极管显示。

3.定时器定时时间的设定

定时器定时时间的设定,可用逻辑开关(四个一组),分别置入 0 或 1,再加译码、显示,就知其所设定的值。例如,四位开关为"1001",显示器即显示9。

另一办法,用 8421BCD 码拨码开关 KS 系列器件,拨码开关本身可显示数字,同时输出 BCD 码。例如,拨码开关置"6",其 8421 端将输出"0110",并有"6"指示。

4.控制器

控制器的任务是将计数值与设定值进行比较,若两者值相等,则输出控制脉冲,使继电器电路接通。由于定时的时间有起始时间和终止时间,所以,为了区别相应的两个信号,采用交叉供电方式或采用三态门进行控制。

5.继电器

继电器的通、断受控制器输出控制,当"定时开始"设定值到达时,继电器应接通。而当"定时结束"设定值到达时,继电器应断开。其定时波形如图 3.7.3 所示。继电器的触点可接交流、直流或其他信号。

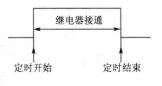

图 3.7.3　定时波形图

五、参考电路

根据定时控制器的设计任务和要求,其控制逻辑参考电路如图3.7.4 所示。

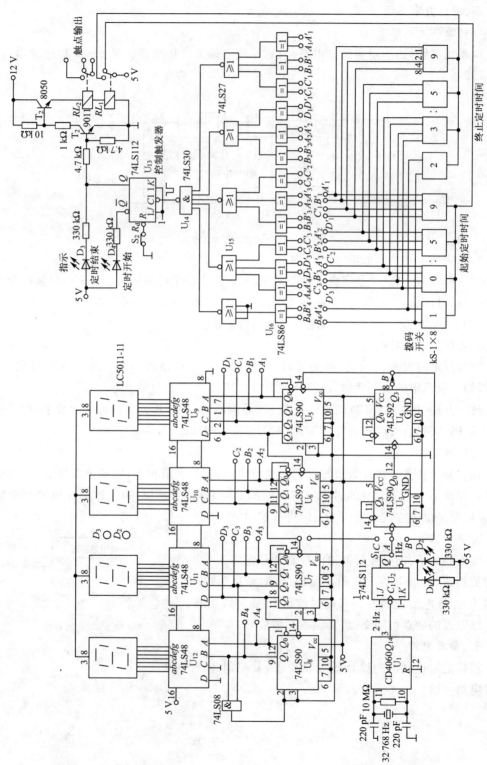

图 3.7.4　定时控制器逻辑电路参考图

六、参考电路简要说明

1. 数字电子钟部分

由 U_1 CD4060 分频器及 U_2 74LS112 触发器对 32 768 Hz 晶振进行分频,获得 1 Hz 秒脉冲。

秒脉冲通过 U_3,U_4,U_5 和 U_6 进行分频。U_3 和 U_5 为 74LS90 十进制计数器,以"除十"方式工作。U_4 和 U_6 为 74LS92 十二进制计数器,并以"除六"方式工作。U_3,U_4,U_5 和 U_6 的输出方波频率分别为 $\frac{1}{10}$ Hz、$\frac{1}{60}$ Hz、$\frac{1}{600}$ Hz、$\frac{1}{3600}$ Hz。U_7 和 U_8 为二十四进制计数器,其时间显示从 00 至 23。

$U_5 \sim U_8$ 输出的 8421BCD 码被分别输给 $U_9 \sim U_{12}$。$U_9 \sim U_{12}$ 均为 74LS48 七段译码器电路,由它驱动七段共阴 LED 显示器 LC5011-11。四个显示器给出从 00:00 到 23:59 的时间显示,D_1 和 D_2 为发光二极管,用来显示秒脉冲。

开关 S_1 用来预置时间,当它置于位置 A 时,数字电子钟处于正常状态;当它置于位置 C 时,数字电子钟给出 1 Hz 的脉冲到时计数器 U_7;当它置于位置 B 时,数字电子钟给出 1 Hz 的脉冲到分计数器 U_5。

2. 定时器预置开关电路

定时器的控制功能是将数字电子钟的时间与预置的开、关时间进行比较,并完成相应的开、关动作。

在定时器预置开关电路中,有两组开关——起始定时时间开关和终止定时时间开关。每组有 4 个开关(拨码开关)。它们的输出都是 8421BCD 码。

3. 控制电路部分

$U_8 \sim U_5$ 数字电子钟的输出和定时拨码开关的输出是通过异或门 74LS86 进行一位一位比较的,当定时时间到,即所有的值全相等时,在 U_{14} 74LS30 与非门输出端输出一个负脉冲,使控制触发器 U_{13} 74LS112 的输出变为高电平。Q 为高电平,使得继电器 RL_1 和 RL_2 接通,定时器开始定时。RL_1 的接通,使得 +5 V 从起始定时开关上转加到终止定时开关上。由于控制触发器 U_{13} $Q=1(\overline{Q}=0)$,定时器的定时开始指示灯亮。

当时间运行到"终止时间"设定值时,U_{14} 又一次输出一个负脉冲,使得控制触发器 U_{13} 输出信号翻转,$Q=0$。U_{13} 输出的低电平使 T_1 和 T_2 关断,RL_1 继电器放电,又回到定时前的工作状态。同时 $Q=0$ 又使定时结束指示灯亮。

RL_2 用于外接所需控制的仪器。

按下 S_2,可以去掉可能预先存在的"定时"设定。

课题八　循环彩灯控制电路设计

一、概述

彩灯控制电路是近年来随着电子技术发展而产生的一种控制装置。它能使彩灯按照人的要求有序地被点亮,还可以同音乐、声音等结合起来,使五彩缤纷的彩光富有音乐、艺术的魅力,给人们带来生机和乐趣。

（一）彩灯控制的方法和彩灯的类型

彩灯一般是发光二极管、白炽灯或有不同色彩的灯泡。彩灯控制可以通过两种方法实现,一种是采用微机控制,优点是编程容易,控制的图案花样多,还可以随时因场地及气氛而改变,需增加的外接电路简单;另一种是利用电子电路装置控制,其电路较简单,制作和调试容易,成本也较低。本设计课题主要讨论第二种方法。

彩灯可大致分成两种类型:①装饰彩灯;②音乐彩灯。

二者的主要区别是,音乐彩灯的点亮控制信号是按照音乐的电声信号（幅度或频率）变化而变化的。音乐彩灯也常常被称作"彩色音乐"。

（二）彩灯控制电路的基本工作原理

彩灯控制电路的原理框图如图 3.8.1 所示。

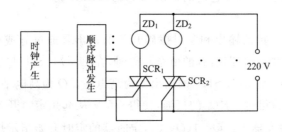

图 3.8.1　彩灯控制电路的原理框图

图 3.8.1 中 220 V 交流电通过可控硅器件（SCR_1,SCR_2……）加至各彩灯（ZD_1,ZD_2……）两端,当可控硅器件（简称"可控硅"）导通时彩灯被点亮,否则熄灭。可控硅的导通与否是由其控制极是否加入触发信号来决定的。这些触发信号是由顺序脉冲发生电路给出的。时钟发生器产生的时钟脉冲（CP）,送入顺序脉冲发生电路。随着时钟脉冲的不断输入,顺序脉冲发生电路的各输出端依次变为高电平,形成时序控制信号。时序控制信号经驱动电路送入可控硅的控制极,使各可控硅依次导通,于是各彩灯被依次点亮。

由上可见,彩灯的变化完全是由顺序脉冲发生电路输出的时序控制信号决定的。改变时序控制信号,即脉冲的产生顺序或周期等,就可以控制各个彩灯的点亮时间和顺序。

所以说,顺序脉冲发生电路是彩灯控制的关键电路。

二、设计任务书

（一）设计题目

循环彩灯控制电路设计。

（二）设计要求

1.控制四路彩灯，每路以 20 W,220 V 白炽灯为负载（或在实验箱中以发光二极管为负载）。

2.要求彩灯双向流动点亮，其闪烁频率在 1～10 Hz 内连续可调。

3.可实现两种控制方式：①电路控制；②音乐控制（音乐信号引入方式自选）。

4.逻辑电路采用集成电路。

（三）设计内容

1.说明彩灯控制器的工作原理和各单元电路的作用。

2.各单元电路的设计要点，简述选择集成组件的原则。

3.计算多谐振荡器的元件参数和确定双向可控硅的额定参数。

4.组装电路并进行调试，叙述调试方法和调试过程（音乐信号可由音频信号发生器给出）。

5.总结和讨论。

三、电路设计与分析

（一）总体电路的确定

根据设计要求和概述中介绍的彩灯控制电路的基本组成，可以确定彩灯控制器应包含时钟发生器、顺序脉冲发生电路、可控硅触发电路和直流电源等组成部分。为了便于讨论，这里先给出一个双向流动彩灯控制器的参考电路，如图 3.8.2 所示。

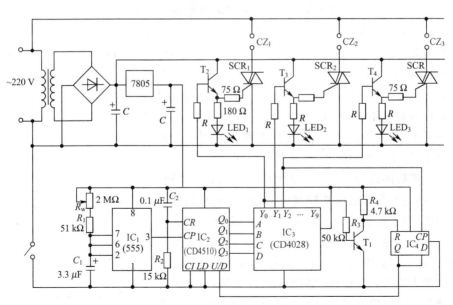

图 3.8.2　双向流动彩灯控制器参考电路

(二)单元电路的分析与设计

1. 时钟发生器

时钟信号可以由门电路或 555 定时器构成的多谐振荡器产生。图 3.8.2 所示电路的时钟发生器,是由 555 定时器(IC_1)及其外接元件 R_W、R_1、C_1 组成的典型自激多谐振荡器。电位器 R_W 用来调节振荡频率,以改变彩灯流动点亮的速度。时钟信号的周期为

$$T_c \approx 0.7(R_1 + R_W)C_1$$

彩灯控制电路的时钟频率通常都较低,最高也只有数十赫兹,最低可为零点几赫兹。设计时,电容 C_1 的容量要取得大些(几微法或以上),以减小分布电容的影响。

如果用门电路构成的多谐振荡器来产生时钟信号,最好在振荡器的输出端接非门以对输出的振荡信号进行整形。

2. 顺序脉冲发生电路

顺序脉冲发生电路在时钟信号的作用下,能输出在时间上有先后顺序的脉冲。它通常由计数器与译码器组成。采用的计数器应具有加法和减法计数的功能,以便为改变彩灯点亮的方向提供方便。具有这种计数功能的计数器很多,比如 CD4510、CD4028 等,前者为十进制加/减计数器(四位 BCD 码输出),并且带负载能力强,能输出较大的驱动电流;后者可实现四位二进制或十进制(BCD 码输出)计数。

图 3.8.2 所示电路将 CD4510 作为计数器。注意图中 C_2、R_2 组成微分电路,接至计数器清零端 CR,以便在开机时使清零端得到一个高电平脉冲,将计数器清零。

选择译码器时,要注意和所采用的计数器相配合,因为计数器的输出端是和译码器的输入端直接连接的。这时采用 CD4028,它是 4 线-10 线译码器。当输入为四位 BCD 码时,该译码器十个输出端的对应端变为高电平。

由于 CD4028 有十个输出端,所以它最多可以控制十路彩灯。

3. 可控硅触发电路

可控硅是有控制极的可控整流器件。它的导通要同时具备两个条件:阳极和阴极间加正向电压,控制极输入正向(相对阴极)触发脉冲。要关断已经导通的可控硅,应该把可控硅的阳极电流减小到维持电流以下才行,因此,电源电压过零时可控硅被关断。

在彩灯控制电路中,应用更广泛的是双向可控硅,它相当于把两个相同的可控硅反向并联起来。它用于交流控制电路中时,在交流电的正、负半周均可以被导通。

双向可控硅的符号如图 3.8.3 所示。它仍有三个极,分别叫第一阳极、第二阳极和控制极。它和单向可控硅的主要区别是,只要控制极加有触发信号,无论第一阳极和第二阳极间电压为正或为负,它均能导通。如图 3.8.2 所示电路中,译码器的输出信号作为可控硅控制极的触发脉冲。为了增大输入到可控硅控制极的触发电流,插入了一级三极管射极输出器。当译码器某输出端为高电平时,对

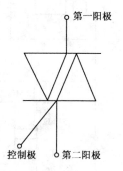

图 3.8.3 双向可控硅符号

应的三极管射极输出器导通,于是其射极有电流产生,通过 75 Ω 电阻加到可控硅的控制极,则对应的双向可控硅就导通,该路彩灯被点亮。

4. 双向可控硅的选取

可控硅导通,点亮对应的彩灯。因此可控硅要根据负载电流的大小选取。可控硅的两个参数——额定电压和额定电流——是选取可控硅的重要依据,选取的基本原则是:

(1)可控硅额定电压必须大于元件在电路中实际承受的最大电压。考虑到电源电压波动等多种因素,一般选取可控硅的额定电压要等于电路实际承受电压的 2～3 倍。

(2)可控硅的额定电流要大于实际流过管子电流的最大值。可控硅的电流过载能力很差,带电阻性负载时电路中还会有较大的启动电流,因此选择可控硅时要留有充分的余地。工程上,一般选取其额定电流值为电路中流过管子最大电流的 1.5～2 倍。

图 3.8.2 所示电路中,由于用 220 V 市电点亮彩灯,按以上原则,应选取额定电压为 400 V 或 500 V 的可控硅。额定电流的选取应根据电路中每路灯泡插座(CZ_1、CZ_2……)所接灯泡的功率瓦数(根据需要,有多个灯泡并联时,还要考虑并联灯泡的个数)来确定。若每路插座接一只 100 V 的白炽灯泡,则所需电流约为 0.5 A($\approx \dfrac{100 \text{ W}}{220 \text{ V}}$),可选额定电流为 1 A 的可控硅。如果彩灯个数比较多,功率比较大,就要选用更大额定电流的可控硅。一般选用 2 A 或 3 A 就可以了。

5. 直流电源

该彩灯控制器选用两组直流电源。一组直接取自桥式整流电容滤波电路,它的输出电压为 7 V,主要为射极输出器供电;另一组从三端集成稳压器 CW7805 获得,它输出的 5 V 直流电压作为本控制电路中的数字电路(振荡器、计数器和译码器等)部分的直流电源。由于对这部分电路的供电并不需要很大的电流,所以也可以采用最简单的单管稳压电路代替三端集成稳压器 CW7805,如图 3.8.4 所示。

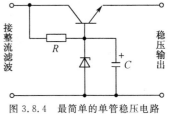

6. 加减计数的控制电路

为了使彩灯点亮顺序具有双向流动的效果,必须使计数器交替进行加法和减法计数。因此,需使计数器的 U/D 端交替得到高、低电平的控制信号。

图 3.8.4　最简单的单管稳压电路

这部分控制功能是由三极管 T_1 和集成 D 触发器(IC_4)来完成的。图 3.8.5 给出了有关电路和连接方式的示意图。

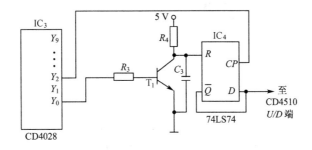

图 3.8.5　计数器 U/D 端的控制电路

图 3.8.5 中三极管 T_1 构成反相器,R_4,C_3 组成积分电路,IC_4(74LS74)是双 D 触发器,这里只使用其中一个。三极管输出接 D 触发器清零端 R(低电平有效),CP 信号来自 CD4028,上升沿触发。开机时,R_4,C_3 积分电路给出低电平,加在触发器的清零端 R 上,使 D 触发器复位,输出端 Q 为低电平,而 $\overline{Q}$ 为高电平,因此使计数器的 U/D 端为高电平,则计数器进行加法(递增)计数。也就是说,开机时计数器处于加法计数状态,随着时钟的输入,经译码后其输出端按 $Y_0 \sim Y_9$ 的顺序依次出现高电平,使彩灯的灯光正向流动。当最后一位 Y_2(本电路只用了三路)输出高电平时,产生一个上升沿信号作用于 D 触发器的时钟输入端(CP),使 D 触发器的输出状态翻转,即 Q 为高电平,$\overline{Q}$ 变为低电平。$\overline{Q}$ 端的低电平又作用于计数器的 U/D 端,使计数器变为减法计数。随着时钟的输入,译码器输出则按 $Y_2 \sim Y_0$ 的顺序依次输出高电平,结果使彩灯的灯光反向流动。而当 Y_0 达到高电平时,三极管反相器 T_1 导通,其集电极变为低电位,作用于 D 触发器的清零端 R,又使触发器复位,$\overline{Q}$ 又变为高电平。计数器的 U/D 端也同时变为高电平,计数器重新进行加法计数,如此循环下去。

由上述可见,由于利用了三极管反相器和 D 触发器所构成的电路,去控制计数器的计数方式(加法/减法计数)控制端 U/D,使计数器反复进行加法→减法→加法→…→减法计数,从而使彩灯点亮按双向流动的顺序进行。

图 3.8.2 所示电路中的发光二极管用来显示对应支路彩灯被点亮的情况,与其串联的电阻(180 Ω)为限流电阻,使通过发光二极管的电流不超过最大允许值(约 10 mA)。

7. 彩灯路数及连接方式

本电路的彩灯路数受译码器输出端数(10 端)的限制,最多可为 10 路,图 3.8.2 所示电路只用了其中的三路,如果要增加彩灯路数,只需把 D 触发器的 CP 端接于 IC_3 相应的输出端即可。例如需要 8 路输出,可把 IC_4 的 CP 端改接到 IC_3 的 Y_7 端,即可产生 8 路彩灯双向流动的效果。

每路的彩灯可以采用 220 V 并联,也可以采用 220 V 串联。它们的连接方法分别见图 3.8.6(a)与(b)。要注意的是,串联时应使串入的彩灯个数等于 220 V/每个彩灯的耐压值(V)。目前市场上有组装好的成品出售,此时在选取可控硅的额定电流时,就要考虑灯泡的并联个数。

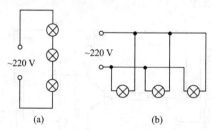

图 3.8.6　彩灯的串、并联连接

根据需求,彩灯可以排列成各种不同的图形,比如直线、圆形、辐射状,还可以组成文字等。

四、电路调试与检测

先设计好印刷电路板,然后按照电路图把元器件仔细焊好(也可在实验箱中的面包板上插接)。注意先不要接可控硅,彩灯插座也不要连线。认真检查一下各元器件的连接是否正确,要注意各集成组件引脚、线不要搞错,二极管和三极管引脚要接对,各集成组件的电源端和接地端要接好。然后分以下几步进行检查和调试。

(一)观察发光二极管是否正常发光

合上电源开关,接通电源,这时发光二极管应逐个闪亮,循环往复。如果它们不亮,应首先检查整流滤波电路和集成稳压器输出的直流电压(应分别为 10 V 和 5 V)是否正常,然后检查各元器件是否焊(接)牢,各发光二极管的阴极是否都准确接地,并检查各射极输出器的集电极是否接入直流电压。

如发光二极管正常发光,则可确定电路已正常工作。

(二)检查振荡器是否起振

如发光二极管只有 LED$_1$ 常亮而其余均不亮,则表明逻辑电路有问题,应先检查 555 定时器是否起振,可用万用表电压挡测定时器的输出端 3 脚是否有信号产生。先将电位器 R_W 接入电路的阻值调到最大,使振荡频率最低,万用表用 10 V 电压挡,红表笔接 3 脚,黑表笔接地。观察万用表指针是否摆动,若指针摆动,说明 3 脚有信号输出。

(三)检查计数和译码电路

如振荡器有信号输出,但发光二极管仍不能逐个闪亮,就要检查计数器和译码器工作是否正常,同样检测译码器输出端是否依次有高电平输出,查看电源端是否接上,各接地引脚是否为 0 V。使用有计数允许控制端的计数器时,要检查该端是否为有效状态(接地或接电源),如都正常,则可能是采用的计数器或译码器组件损坏,此时应更换成新的组件。

(四)带载试验

上述检查正常后,可将可控硅焊入印刷电路板,插座接上相应连线并插入彩灯,电路应能正常工作,彩灯依次闪亮。如果某路彩灯不亮,可能是对应的可控硅引脚未接正确,或者对应的插座接触不好,也可能是该路的可控硅有问题。一般来讲,经过前面各步骤的检查,发光二极管正常发光时,可控硅输出部分不会有大的问题。

(五)灯光移动速度调试

灯光移动速度取决于振荡器的方波频率,改变电位器 R_W 接入电路的阻值即相应改变振荡频率。可把 R_W 调到阻值最大(振荡频率最低),这时移动速度最慢,再把 R_W 调到阻值最小(振荡频率最高),这时的移动速度应最快。然后逐渐改变 R_W 的滑动端位置,移动速度将会相应变快或变慢。若移动速度不可调,则很可能是电位器本身有问题,应予以调换。若各彩灯全亮,则说明振荡频率设计得过高,这时就要改动振荡器的定时元件,即应加大电阻值。

五、讨论

以上我们对一般装饰彩灯的工作原理和基本调试方法进行了讨论,这种彩灯控制电路结构简单、制作容易、调整方便,但存在两点不足之处:一是彩灯的点亮方式固定,虽然可以做成双向或反复循环等形式,但缺少变化;二是灯光流动速度也是固定的,灯光流动速度是由振荡器的振荡频率决定的,而上述电路的振荡频率是不能随时调整的。针对这两个问题,近年来产生了音乐彩灯和可编程彩灯等的控制电路。下面分别对这两种彩灯进行简要说明。

(一)音乐彩灯

音乐彩灯利用音乐电信号来控制彩灯的流动速度,是目前很流行的彩灯控制形式。它的基本原理是使振荡器的振荡频率(计数器的时钟脉冲频率)随着音乐电信号的变化(强弱、频率)而相应变化,现举两例说明。

例一,电路如图 3.8.7 所示,图中只画出了音乐电信号的控制电路部分。其中 555 定时器仍接成多谐振荡器形式,其振荡频率由 T、R_1、R_{W2}、C_2 的参数决定。这里的 T 为结型场效应管,它的导通状况改变着 555 的充、放电速度,即 555 的振荡频率。T 的导通状况是由其栅极电压大小决定的,当场效应管工作于可变电阻区时,其漏源极间电阻是随栅极电压改变而改变的。栅极电压的大小是由输入的音乐电信号控制的。当音乐电信号输入时,经电位器 R_{W1} 分压、变压器 B 耦合、二极管 $D_1 \sim D_4$ 整流和电容 C_1 滤波后,形成了 T 的栅极电压,电容 C_1 两端电压即 T 的栅极电压 U_G 的大小反映了输入音乐电信号的强弱。音乐电信号强则 C_1 两端电压高,场效应管漏源极间等效电阻 R_{DS} 值就小,使电容 C_2 的充、放电速度加快,即振荡频率提高,于是彩灯流动速度变快。反之,音乐电信号弱时,等效电阻 R_{DS} 增大,使振荡频率下降,则彩灯的流动速度减慢,从而达到了音乐电信号控制彩灯的目的。这一点通过由 555 构成的振荡器的振荡频率表达式可以看得更清楚,其振荡频率 f_0 为:

$$f_0 = \frac{1}{0.7(R_1' + 2R_{W2})C_2}$$

式中 R_1' 是电阻 R_1 和场效应管漏源极间等效电阻 R_{DS} 的并联等效电阻,即 $R_1' = R_1 /\!/ R_{DS}$,由于 R_{DS} 受音乐电信号控制,所以 f_0 也随之发生相应变化。

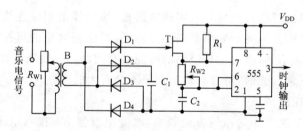

图 3.8.7　音乐电信号控制彩灯电路一(控制电路部分)

图 3.8.7 中的变压器 B 选用音频变压器,可利用废旧晶体管收音机的输出变压器。整流管可采用硅整流管 IN4001,T 为普通结型场效应管。

例二,如图 3.8.8 所示,该图也只画出了音乐电信号的控制电路部分。图中 555 定时器仍为多谐振荡器,但其控制电压端(5 脚)并不像通常那样,通过一个 0.01 μF 的滤波电容接地,而是受到了外加音乐电信号的控制。其控制过程如下:音乐电信号经 R_W,C_1,通过耦合变压器 B 送至二极管 D 进行整流,它输出的正向直流脉动电压经三极管 T 放大后加在 555 定时器的电压控制端 5 脚,而 5 脚电压的变化直接改变了 555 定时器的上、下触发电平,导致电容 C_3 充、放电时间长短改变,从而使时钟频率发生变化。其工作过程是这样的:555方波产生电路的充电时间常数 $\tau_1 = (R_1 + R_2)C_3$,放电时间常数 $\tau_2 = R_2 C_3$,没有音乐电信号时,T 的集电极电位不变,由于电容 C_2 的隔直作用,T 集电极电位对 555 的触发电平没有影响,上、下触发电平分别为 $\frac{2}{3}V_{DD}$ 和 $\frac{1}{3}V_{DD}$,输出脉冲的频率为 $f_0 = \frac{1}{0.7(R_1 + R_2')C_3}$,调节 R_2' 大小即可改变 f_0。接入音乐电信号后,T 的集电极电位 U 与信号的强弱及频率有关,设其作用在电压控制端 5 脚上的变化量为 ΔU,则 555 定时器的上、下触发电平分别变成 $\frac{2}{3}V_{DD} + \Delta U$ 和 $\frac{1}{3}V_{DD} + \frac{1}{2}\Delta U$,虽然此时充、放电时间不变,但由于触发电平的变化,将会导致输出脉冲的频率随 ΔU 的大小改变而改变,从而使灯光的闪烁随音乐电信号而改变。如图 3.8.9 所示为由于电压控制端 5 脚电压的变化(ΔU),而引起时钟频率变化的示意图。

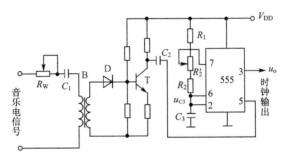

图 3.8.8　音乐电信号控制彩灯电路二(控制电路部分)

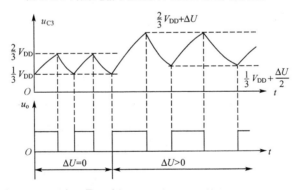

图 3.8.9　上、下触发电平的变化引起时钟频率变化示意图

最后说明一点,上述音乐电信号的获取有两种方法:

(1)采用音响装置(收录机、扩音机等)的音频输出信号,即直接把扩音机等的输出端(扬声器)信号用导线连接到彩灯控制装置音乐电信号的输入端。

(2)利用话筒(一般应采用灵敏度高、体积小的驻极体话筒)拾取(接收)音响装置发出的音乐声响,这种方法的优点是它免除了彩灯控制装置和音响设备之间的导线连接。但由于话筒转换的电信号较弱,一般应加接晶体管放大器,才能达到有效的控制。

(二)可编程彩灯

前面讲述的彩灯点亮方式是固定的,即只能使灯光固定左移、右移或双向移动而不能改动,可编程彩灯可以解决这一问题。通过编程可使灯光流动方式有多种变化,如再增加音乐控制装置,则灯光的流动速度还可同时随着声音的高低起伏而时快时慢,彩灯的控制效果将更加理想。

可编程彩灯的电路形式很多,其基本原理是使顺序脉冲的产生顺序和状态能够被人为地改变。图 3.8.10 是可编程彩灯的一种电路形式,该图只画出了控制电路部分。其中集成电路 IC 为 74LS298,它是四位二选一数据选择器,这里用作顺序脉冲发生电路。它有两组输入,每组有四个输入端,分别为 A_1,B_1,C_1,D_1 和 A_2,B_2,C_2,D_2,对应四个输出端 Y_1,Y_2,Y_3 和 Y_4。$Y_1Y_2Y_3Y_4 = A_{1,2}B_{1,2}C_{1,2}D_{1,2}$,是输出第一组输入数据($A_1B_1C_1D_1$)还是输出第二组输入数据($A_2B_2C_2D_2$)取决于字选端($WS$)的状态。$WS$ 为低电平时,选择第一组输入数据;WS 为高电平时,则选择第二组输入数据。被选中的数据在时钟脉冲下降沿时送到输出端,其功能见表 3.8.1。

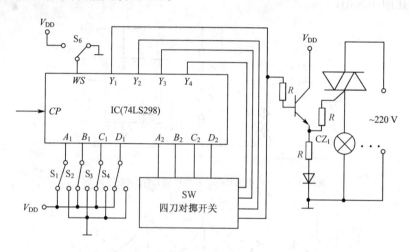

图 3.8.10　可编程彩灯部分电路

表 3.8.1		74LS298 的功能表			
输入		输出			
字选(WS)	时钟(CP)	Y_1	Y_2	Y_3	Y_4
0	↓	A_1	B_1	C_1	D_1
1	↓	A_2	B_2	C_2	D_2
×	1	保持			

本电路正是利用 74LS298 的这些特性,使它既能成为左右移位的移位寄存器,又能实现简单编程。具体做法是利用它的一组输入端(A_1,B_1,C_1,D_1)作为预置端,由它来决定彩灯的初始状态,而将另一组输入端(A_2,B_2,C_2,D_2)和相应输出端相连,便构成了移位寄存器。移位方向取决于其连接方法,如果 Y_1—B_2,Y_2—C_2,Y_3—D_2,Y_4—A_2 分别相连,则彩灯向右闪亮;如果 Y_1—D_2,Y_2—A_2,Y_3—B_2,Y_4—C_2 分别相连,则构成左移寄存器,彩灯向左闪亮。下面简要说明它的工作过程。

(1)先利用字选开关 S_6 使 WS 接低电平(地),再通过初始状态开关 S_1,S_2,S_3,S_4 来预置输入端(A_1,B_1,C_1,D_1)的电平,比如只让 S_1 接高电平,其余开关 S_2,S_3,S_4 均接低电平,即选择 A_1 为高电平,其余(B_1,C_1,D_1)均为低电平(输入 $A_1B_1C_1D_1 = 1000$),则当时钟脉冲下降沿到达时，74LS298 的输出端只有 Y_1 为高电平，于是只有和 Y_1 对应的彩灯 CZ_1 被点亮（其余均不亮），但并不闪烁。

只要改变 $S_1 \sim S_4$ 的接通状态，就可以按要求把对应彩灯固定点亮。

(2)预置了 $A_1 B_1 C_1 D_1$ 的状态后（比如仍假定为 1000），再把 S_6 拨到接高电平的位置，使 A_2, B_2, C_2, D_2 成为数据选择器的输入端，它们通过开关 SW 分别与 Y_1, Y_2, Y_3, Y_4 相连，拨动 SW 可以实现输入端与输出端的不同连接，而形成左移或右移。在图 3.8.10 中 SW 是四刀双掷开关，它有两个不同的位置，构成两种输入端和输出端的连接方式：

①A_2—Y_2，B_2—Y_3，C_2—Y_4，D_2—Y_1

②A_2—Y_4，B_2—Y_1，C_2—Y_2，D_2—Y_3

采用①连接方式，当时钟脉冲下降沿到达时，原 Y_1 为高电平的状态使 D_2 也为高电平，而其余 A_2, B_2, C_2 仍为低电平，于是 $Y_1 Y_2 Y_3 Y_4 = 0001$。再来一个时钟脉冲下降沿时，由于 $C_2 = Y_4 = 1$，所以 Y_3 变为高电平，于是 $Y_1 Y_2 Y_3 Y_4 = 0010$，同理当继续有 CP 下降沿到达时，$Y_1 Y_2 Y_3 Y_4$ 将变为 0100,1000……它们使其对应的彩灯依次点亮，形成左移。

采用②连接方式，Y_1 原来预置的状态（高电平）将等于 B_2 输入端状态，于是在 CP 出现下降沿时，Y_2 变为高电平，依此类推，Y_3 也变为高电平，即 $Y_1 Y_2 Y_3 Y_4$ 的状态变为 1000 →0100→0010→0001→1000→……于是使其对应的彩灯依次以右移的形式被点亮。通过开关 $S_1 \sim S_4$ 可使 $A_1 B_1 C_1 D_1$ 事先预置成其他状态，如置 $A_1 B_1 C_1 D_1$ 为 1010，则根据上面同样的原理，彩灯中将有相隔的两个灯泡同时亮着向左或向右移动（取决于开关 SW 的位置）。

彩灯闪亮后如果想重新预置，只需将字选开关 S_6 置于低电平，预置（拨动 $S_1 \sim S_4$ 开关）结束后再拨回高电平即可。

安装这种可编码彩灯时，开关 S_1, S_2, S_3, S_4 和 S_6 可用一般按钮开关，SW 用 4×2 拨动开关，由于开关引线多，在接线过程中要仔细。

另外 74LS298 是四位二选一数据选择器，它最多可以控制四路彩灯，如果采用两块数据选择器，则最多可控制八路彩灯。

课题九　脉冲按键电话显示逻辑电路设计

一、概述

目前,很多电话都没有显示功能,打电话时往往会碰到这种情况:明明想打 A 处电话,接通的却是 B 处电话。到底是自己拨错号,还是电话出现故障? 抑或是电信局交换机有问题? 因此,在电话上加上按键显示功能就显得比较方便了。打电话时,若显示器上显示的号码和拨打的号码一致,那么就是电话有故障。这样,可及时发现问题,进行报修,从而保证通信的畅通。

脉冲按键电话显示逻辑电路的原理框图如图 3.9.1 所示。收话和发话电路,我们暂不考虑,这里仅对按键显示电路进行逻辑控制设计。

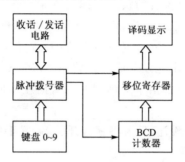

图 3.9.1　脉冲按键电话显示逻辑电路的原理框图

二、设计任务和要求

脉冲按键电话显示逻辑电路的设计任务和具体要求如下:

1. 显示 8 位数字。

2. 能准确地反映按键数字。例如按下"5"键则显示器显示"5"。

3. 显示器显示数字从低位到高位逐位显示。例如,按下"5"键,显示器显示"⊔⊔⊔⊔⊔⊔⊔5",再按"3"键,显示器显示"⊔⊔⊔⊔⊔⊔53",一直显示到需要的数字为止。

以上功能完成后,考虑以下两个问题。

1. 若是双音频电话,则电路又怎样?

2. 在电话外面测量脉冲或音频电话拨号显示,逻辑控制电路又怎样?

三、可选用器材

1. 数字电子技术实验系统。

2. 直流稳压电源。

3. 0～9 十进制按键。

4. 集成电路:74LS164、CD4015、CD4518、74LS248。

5. 脉冲拨号芯片 UM9151-3。

6.电阻、电容。

四、设计方案提示

1. 脉冲拨号电路

电话按键行和列的输出接至脉冲拨号芯片的行和列,当按某一键时(例如"9"键),它就在脉冲拨号芯片输出端产生相应数量的脉冲,同时有一高电平脉冲输出,高电平时间宽度即脉冲输出时间。这里选用 UM9151-3(脉冲拨号器)。UM9151-3 引线排列如图 3.9.2 所示。

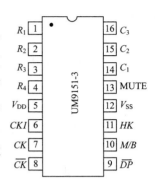

图 3.9.2　UM9151-3 引脚排列

UM9151-3 可以直接与电话线路连接工作,采用 4×3 键盘接口。电源电压为 2.0~5.5 V。

$R_1 \sim R_4$ 和 $C_1 \sim C_3$ 分别为按键行和列的输入端;

V_{DD} 为电源正极;

V_{SS} 为电源负极;

CKI、CK 和 $\overline{CK}$ 是 RC 电路连接端,用来产生振荡;

DP:拨号脉冲输出端;

M/B:通断比选择控制输入端;

HK:电话挂机和摘机开关输入端;

MUTE:弱音输出端。

2. 计数、寄存电路

由于脉冲拨号器发出的是脉冲数,所以,若要用显示器进行显示,则需要进行 BCD 码转换。将脉冲拨号器的输出接十进制计数器,即可实现二进制 BCD 码的转换。计数器可选用 CD4518 十进制计数器。

CD4518 的计数状态如表 3.9.1 所示。

表 3.9.1　　　CD4518 状态表

CP	Q_4	Q_3	Q_2	Q_1
0	0	0	0	0
1	0	0	0	1
2	0	0	1	0
3	0	0	1	1
4	0	1	0	0
5	0	1	0	1
6	0	1	1	0
7	0	1	1	1
8	1	0	0	0
9	1	0	0	1

由表 3.9.1 可知,若输入计数器的脉冲数为 10 个,则计数器从"0"又回到"0",正好满足了按数字键"0"发 10 个脉冲这一逻辑关系,即按"0"键后,脉冲拨号器发 10 个脉冲,

CD4518 计数后不是"1010",而是全"0"。

当脉冲数转换成 BCD 码后,需将它进行寄存,这里我们可选用 CD4015 双四位移位寄存器。

3. 译码显示

译码显示选用共阳或共阴译码显示组件即可。

当然也可利用三合一或四合一 CL 系列显示器完成这一功能。

4. 其他

至于双音频电话,可以选用 DTMF 接收器,先将音频输入转换为 BCD 码,然后再由数据输出允许信号控制数据的寄存及显示。

五、参考电路

根据课题的要求,脉冲按键电话显示控制逻辑电路的参考图如图 3.9.3 所示。

六、参考电路简要说明

本系统控制电路由脉冲拨号芯片发码、移位寄存、译码显示等部分组成。

1. UM9151-3 的 DP 端为脉冲码输出端。当我们摘机按键后,它一方面将脉冲码送至电话线路中,另一方面将脉冲码送给十进制计数器 CD4518 计数。在 CD4518 计数前,由 MUTE 信号的上升沿将 CD4518 清零,这样就保证了每次 CD4518 输出的二进制 BCD 码与按键数目相等,例如,按"3"键则 CD4518 输出为"0011"。

2. CD4015-1 到 CD4015-4 为 BCD 码移位寄存器,当计数器 CD4518 将 BCD 码送到它们的 $1D$ 端,在 MUTE 结束(下降沿)脉冲到来时,将 $1D$ 端数据存入 CD4015 寄存器中。图 3.9.3 中所用的是微分电路,进行清零和移位。有关脉冲拨号时序如图 3.9.4 所示。

3. 译码显示

为了从低位到高位逐位显示,图 3.9.3 中分别将 CD4015-1,CD4015-2,CD4015-3,CD4015-4 的输出端接至 74LS248 译码器。最低位的译码器输入端 D_1,C_1,B_1,A_1 分别和 4 片 CD4015 的最低位 $1Q_0$ 相连,依此类推,直至第 8 位(最高位)全部按上述规律连接,即到 CD4015 的 $2Q_3$ 端为止。

4. 移位显示由 74LS164 的输出 Q 进行控制

例如,按数字"3"键。在 CD4518 内产生"0011"BCD 码,该 BCD 码又在脉冲码发完时寄存到 4 片 CD4015 中。这时,CD4015-4、CD4015-3、CD4015-2、CD4015-1 移位寄存器的最低位输出端是 0011,这四位数在显示器中是否显示,要看 LC5011-11 显示器的 COM 端是否为低电平,若为"0",则显示;若为"1",则不显示。由图 3.9.3 可知,74LS164 的 CP 是和 CD4015 移位寄存器的 CP 同步的。当移位寄存器寄存时,74LS164 的最低位已为高电平,经反相后,变为低电平,使 COM_1 为低,显示器将显示"3"。

当再按下一个键时,移位寄存器将第一位数向前移位一次,同样 74LS164 也向前移一位,使得数据显示满足设计要求,由低位向高位逐位移位显示。

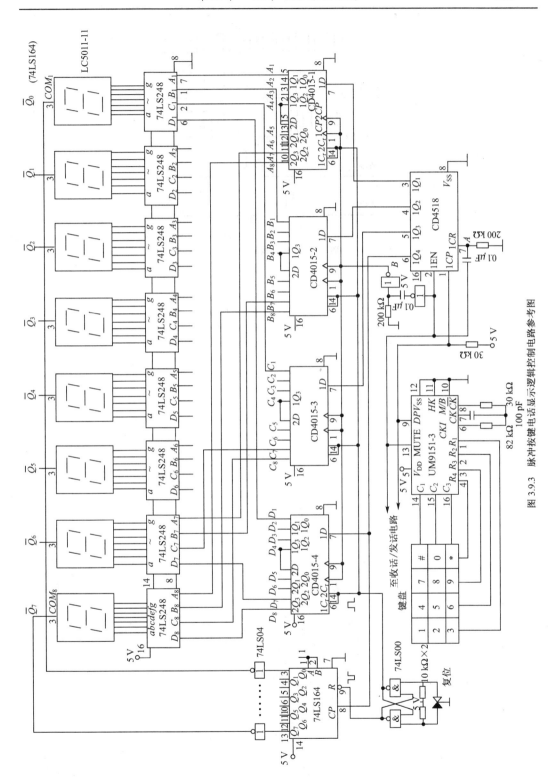

图 3.9.3 脉冲按键电话显示逻辑辑控制电路参考图

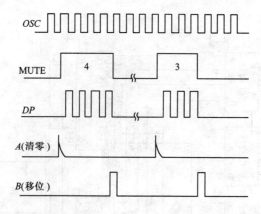

图 3.9.4　脉冲拨号时序图

课题十　双路防盗报警器的设计

一、概述

近年来,随着改革开放的深入,人民的生活水平有了很大提高。各种高档家电产品和贵重物品为许多家庭所拥有,同时人们特别是城市居民的积蓄也十分可观。因此,越来越多的家庭对财产安全问题十分关心。目前,许多家庭使用了较为安全的防盗门,如果再设计和生产一种价廉、性能灵敏可靠的防盗报警器用于居民家中,必将在防盗和保证财产安全方面发挥更加有效的作用。为此,提出"双路防盗报警器"的设计任务。

该报警器适用于家庭防盗,也适用于中小企事业单位。其特点是灵敏、可靠,一经触发,可以立即报警;也可以延时 $1\sim35$ s(秒)再报警,以增加报警的突然性与隐蔽性。报警时除可以发出类似公安警车的报警声之外,两只警灯还可交替闪亮,增强了对犯罪分子的威慑力。

二、设计任务与要求

(一)设计题目

双路防盗报警器的设计。

(二)设计任务与要求

1.设计一个双路防盗报警器,当发生盗情时,常闭开关 K_1(实际上是安装在窗与窗框、门与门框的紧贴面上的导电铜片)打开,要求延时 $1\sim35$ s 报警。当常开开关 K_2 因发生盗情而闭合时,应立即报警。

2.发生报警时,有两个警灯交替闪亮,周期为 $1\sim2$ s,并伴有警车的报警声,频率为 $f=1.5\sim1.8$ kHz。

3.选择电路元器件。

4.安装调试,并写出设计总结报告。

三、设计方案论证及方框图

目前市售的防盗报警器有的结构复杂、体积大、价格贵,多适用于企事业单位。而一些简单便宜的防盗报警器性能又不十分理想,可靠性差。综合各种报警器的优缺点,并根据本设计的要求及性能指标,兼顾可行性、可靠性和经济性等各种因素,确定双路防盗报警器主要组成部分的方框图如图 3.10.1 所示。它由延时触发器、报警声发生单元和警灯驱动单元三部分组成。

图 3.10.1　双路防盗报警器方框图

四、电路组成及工作原理

双路防盗报警器总电路原理图如图 3.10.2 所示。

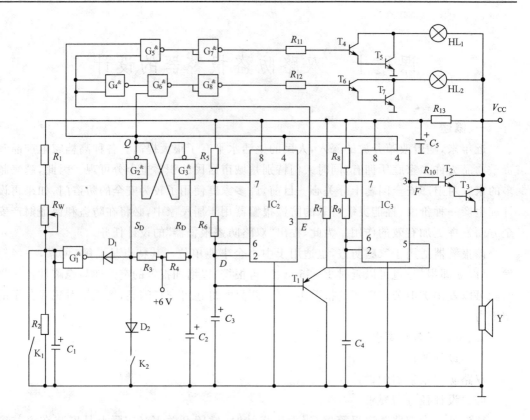

图 3.10.2 双路防盗报警器总电路原理图

(一)延时触发器

其主要功能为延时触发和即时触发。该部分电路主要由 K₁ 常闭开关(延时触发开关)、K₂ 常开开关(即时触发开关)、与非门 G₁~G₃、二极管 D₁ 与 D₂、电容 C₁ 与 C₂ 和电阻 R₁~R₄ 及电位器 R_W 组成。延时触发器的工作原理如下:

1.电源刚接通时

因为电容 C_2 的下极板接地为 0 V,由于电源刚接通的瞬间电容电压不能突变,故 C_2 的上极板也为 0 V。低电平为"0"的信号脉冲输入与非门 G_3,使 G_3 输出高电平;又因开关 K_2 断开,+6 V 电源使门 G_2 输入信号为高电平(此时 K_1 闭合,门 G_1 输入低电平,输出为高电平。二极管 D_1 截止,对基本 RS 触发器无影响),门 G_2 输出(基本 RS 触发器 Q 端)低电平为"0",从而使 555 定时器 IC_2 和 IC_3 的第 4 脚(异步复位端)为低电平。IC_2 和 IC_3 不工作,报警器不发声不闪亮。称此时的延时触发门为关闭状态。

2.开关 K₁ 打开(延时报警)时

电源通过电阻 R_1 和电位器 R_W 对电容 C_1 充电,同时 C_1 也会通过电阻 R_2 放电。如果适当选择 R_1、R_2 和 R_W 的阻值,满足 $R_1+R_W<R_2$,可使 C_1 的充电电流大于放电电流,使 C_1 的电压缓慢上升。当 C_1 上的电压达到门 G_1 的转折电压 U_{TH} 时,G_1 输出由"1"变"0",二极管 D_1 导通,使 RS 触发器 $S_D=0$;而此时 C_2 已由+6 V 电源通过电阻 R_4 被充电使 RS 触发器 R_D 端为"1",基本 RS 触发器被置"1"(门 G_2 输出为"1"),IC_2 和 IC_3 开始工作,报警声发生单元和警灯驱动单元工作,即延时触发门打开。

3. 开关 K_2 闭合(即时报警)时

K_2 闭合时, D_2 导通,使 RS 触发器的 S_D 端为"0"。 R_D 端仍然为"1", RS 触发器会立即被置"1",延时触发门即刻打开,防盗报警器会即刻发出报警。

(二)报警声发生单元

其主要功能是,发生报警时,发出频率为 1.5~1.8 kHz 类似于警车的报警声。该部分电路主要由 555 定时器 IC_2 和 IC_3、半导体三极管 $T_1 \sim T_3$、定时电容 C_3 和 C_4、电阻 R_5 ~ R_{10} 及扬声器组成。报警声发生单元的工作原理如下:

1. IC_2 和 R_5, R_6, C_3 组成周期为 1~2 s 的低频振荡器。当有报警信号,即延时触发门的 RS 触发器 $Q=1$ 时, IC_2 开始工作。由于电源刚接通时, C_3 上电压不能突变,使 IC_2 的高触发端 6 脚和低触发端 2 脚的电压为 0,其输出端 3 脚(E 点)为高电平, IC_2 内部的放电管截止。电源经 R_5 和 R_6 对 C_3 充电, C_3 上电压上升;当 $U_{C3} \geq \frac{2}{3} V_{CC}$ 时,输出端 3 脚变为低电平, IC_2 内部的放电管导通, C_3 通过电阻 R_6 和 IC_2 的放电端 7 脚放电, C_3 上电压(D 点)逐渐下降;当 $U_{C3} \leq \frac{1}{3} V_{CC}$ 时,3 脚(E 点)又返回高电平。如此周而复始形成振荡,产生周期 1~2 s 的矩形波,占空比约为 50%。

2. IC_3 和电阻 R_8, R_9, C_4 组成另一个低频振荡器。这里需特别指出的是: IC_3 的电压控制端 5 脚控制电压是 C_3 的电压(D 点)通过 T_1 的发射极耦合得到的。 D 点电压变化,使 IC_3 的 5 脚电压 U_{CO} 值随之而变化。当 U_D (U_{C3})较高时, U_{CO} 也较高,正向阈值电压 U_{T+} (等于 U_{CO})和负向阈值电压 U_{T-} (等于 $\frac{1}{2} U_{CO}$)也较高,电容 C_4 充放电时间长,因而 IC_3 的输出端 3 脚(F 点)输出脉冲的频率较低;反之,当 U_D 较低时, U_{CO} 也较低, U_{T+} 和 U_{T-} 较低, C_4 的充放电时间短, F 点输出脉冲频率较高。由此可见, IC_3 的输出端 F 点得到的脉冲不是单一频率,其振荡频率可在一定范围内周期变化。选择合适的参数,其输出频率为 1.5~1.8 kHz。 D 点、 E 点和 F 点的波形如图 3.10.3 所示。 F 点输出的脉冲经 T_2 和 T_3 放大后,推动扬声器发出高低频率不同的声音,类似公安警车的报警声。

(三)警灯驱动单元

其主要功能是,发生报警时,使两个警灯交替闪亮,周期为 1~2 s,以增加报警时的紧迫感,该部分电路由与非门 $G_4 \sim G_8$、三极管 $T_4 \sim T_7$、电阻 R_{11} 与 R_{12} 以及两个警灯 HL_1 与 HL_2 组成。警灯驱动单元的工作原理如下:

1. 当不报警(K_1 闭合和 K_2 断开)时

这时延时触发门 RS 触发器 $Q=0$,封锁了门 G_5 和 G_6,使门 G_7 与 G_8 输出总为 0,三极管 $T_4 \sim T_7$ 截止,警灯 HL_1 与 HL_2 不亮。

2. 当报警(K_1 断开和 K_2 闭合)时

延时触发器 $Q=1$,门 G_5 和 G_6 解除封锁, IC_2 产生的振荡信号经门 G_4 反相后送入门 G_6 的输入信号和直接送入门 G_5 的输入信号极性相反。使门 G_7 和 G_8 的输出信号极性也相反,且它们在 IC_2 的 3 脚输出脉冲的控制下轮流交替出现高电平"1"。因而三极管 T_4, T_5 和 T_6, T_7 轮流导通和截止。警灯 HL_1 和 HL_2 便交替闪亮。选择参数,可使警灯闪亮周期为 1~2 s。

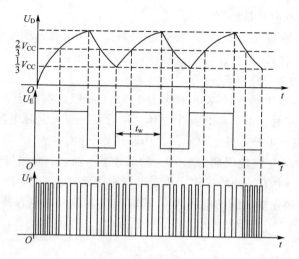

图 3.10.3　D 点、E 点和 F 点的波形

　　在图 3.10.2 的电路原理图中,将门 $G_1 \sim G_8$ 用两个四 2 输入的与非门来代替,画出的整机电路图如图 3.10.4 所示。图中 $G_1 \sim G_4$ 用 IC_1 表示,$G_5 \sim G_8$ 用 IC_4 表示。

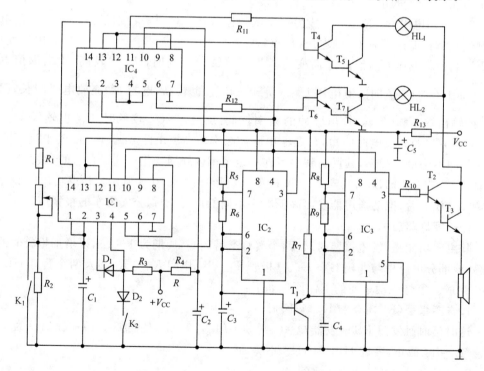

图 3.10.4　整机电路图

五、电路元器件选择与计算

　　由于电路已基本定形,所以大部分元器件可以查手册直接选用,不必再考虑设计计算,只有少数元器件要考虑计算。

(一)IC_2 与 IC_3 的选择

IC_2 与 IC_3 选 CB555。

(二)$G_1 \sim G_8$ 的选择

$G_1 \sim G_4$ 和 $G_5 \sim G_8$ 可选择两个四 2 输入 CMOS 与非门,其型号选 CC4011。

(三)三极管的选择

1. T_1:选 PNP 型硅管。型号为 3CG110A(3CG21A)。

2. T_2:选 NPN 型高频小功率硅管 3DG100B(3DG6B)。

3. T_3:选 NPN 型高频大功率硅管 3DA87A(3DAH1A)。

4. T_4 和 T_6:选 NPN 型高频中功率硅管 3DG130B(3DG12B)

5. T_5 和 T_7:选 NPN 型低频大功率硅管 3DD203(DD01A)。$\beta = 50 \sim 200$,$I_{CM} = 1$ A,$P_{CM} = 10$ W。

(四)警灯和扬声器的选择

警灯 HL_1 和 HL_2 选用 6.3 V/0.15~0.3 A 的小灯泡。

扬声器选口径 2.5~4 in(英寸)*,阻抗 8~16 Ω 的普通恒磁扬声器。

(五)电容的选择

$C_1 = 100$ μF/10 V,$C_2 = 22$ μF/10 V;

$C_3 = 47$ μF/10 V,$C_4 = 0.1$ μF;

$C_5 = 220$ μF/10 V。

C_1,C_2,C_3,C_5 均为铝电解电容。

(六)电阻的选择与计算

1. R_1 和电位器 R_W 的计算:因为选 $C_1 = 100$ μF,要求 K_1 打开(报警)时延时 1~35 s,按 35 s 考虑,忽略了 C_1 通过 R_2 的放电,则

$$(R_1 + R_W) \cdot C_1 = 35 \text{ s}$$
$$R_1 + R_W = 350 \text{ k}\Omega$$

选固定电阻　　　　　　　　　$R_1 = 20 \text{ k}\Omega$

则电位器　　　　　　　　　　$R_W = 330 \text{ k}\Omega$

2. R_2:因要求 $R_1 + R_W \leqslant R_2$,可选 $R_2 = 1$ MΩ。

3. R_3 和 R_4:可选 100 kΩ。

4. R_5 和 R_6 的计算:要求 R_5,R_6,C_3 以及 IC_2 组成的多谐振荡器振荡周期为 1~2 s,由

$$T = 0.69 \cdot (R_5 + 2R_6) \cdot C_3$$

且知　　　　　　　　　　　　$C_3 = 47$ μF

又考虑 IC_2 输出脉冲占空比为 50%,可算出 $R_5 + 2R_6 = 30 \sim 60$ kΩ,可选 $R_6 = 18$ kΩ,$R_5 = 1$ kΩ。

5. R_8 和 R_9 的选择:由 IC_3 和 R_8,R_9,C_4 组成另一个低频振荡器,其输出频率为 1.5~1.8 kHz(由 D 点电压控制),当 $U_{CO} = U_D = \frac{2}{3}V_{CC}$ 时,频率最低,$f_L = 1.5$ kHz,可算出电阻 $R_8 + 2R_9 \approx 9.6$ kΩ(选 $C_4 = 0.1$ μF),可取 $R_9 = 4.7$ kΩ,$R_8 = 200$ Ω。

---

*按我国量和单位的国家标准规定,长度单位应为 m,cm,mm。考虑到目前我国市场情况,这里暂时保留 in(英寸)。换算关系为:1 in = 25.4 mm。

6. 选 $R_{10} = 1\ \text{k}\Omega$；$R_{11} = R_{12} = 10\ \text{k}\Omega$；$R_{13} = 10\ \text{k}\Omega$；$R_7 = 1\ \text{k}\Omega$。

C_5 和 R_{13} 为电源低频去耦滤波电路，防止因电源内阻增大（电池用久了）而引起低频自激。

以上所有电阻均选用 0.125 W 的金属膜电阻。

（七）直流电源可采用四节电池，电压 $V_{CC} = 6$ V。

六、安装与调试

（一）安装

1. 将电路原理图画成印刷电路板的黑白图并制板。

2. 认真安装焊接。

（二）调试

1. 首先调试报警声发生单元

（1）先暂不装集成块 $IC_1 \sim IC_4$，先将 IC_2 和 IC_3 的 4 脚（插座）接高电平（$IC_1 \sim IC_4$ 见电路图 3.10.4）。

（2）装上 IC_3，通电后，IC_3 即起振，扬声器应发出轻微的音频声，可用示波器观察 F 点的低频矩形波。改变电阻 R_9 或电容 C_4，使其振荡频率为 1.5～1.8 kHz。

（3）断开电源后，再装上 IC_2，通电后，可听到扬声器的音调为"低—高—低"，呈周期性变化，用示波器看 F 点波形的频率亦有周期性变化。改变电阻 R_6 的阻值或电容 C_3 的容量，可使 IC_2 的振荡周期为 1～2 s（频率为 1～0.5 Hz）。若扬声器发出的声音无高低变化，则多是晶体管 T_1 未工作或损坏所致。

（4）将 T_2、T_3 的集电极接通电源，F 点信号经过放大后就会变成响度很大的报警声（此时整机的电流约为 100 mA）。

2. 调试延时触发门

（1）将 IC_2、IC_3 的 4 脚接到门 G_2 的输出端。装上 IC_1 集成片，通电后，基本 RC 触发器呈初态，即与非门 G_2 输出"0"，G_3 输出"1"。若将开关 K_2 合上一下，RS 触发器应翻转，G_2 输出"1"，G_3 输出"0"，报警发声单元即开始工作（发出声音）。把电容 C_2 用导线短接一下，则 RS 触发器立即翻回到初态，报警声停止。

（2）若把开关 K_1 断开，则延迟若干秒后，与非门 G_1 输出"0"。RS 触发器也翻转，使门 G_2 输出"1"，G_3 输出"0"，报警声发生单元也应开始工作（发声）。调节电位器 R_W，可调节所需要的延迟时间。按设计参数延迟时间可在 1～35 s 内任意调节。若将电容 C_2 用导线短接一下，则 RS 触发器立即翻回到初态，报警声停止。到此说明延时触发门工作正常。

3. 最后调试警灯驱动单元

装入 IG_4 集成片，当报警声发生单元工作时，可测得与非门 $G_4 \sim G_8$ 随着 IC_2 的振荡轮流输出"1"，装上警灯 HL_1、HL_2 后，它们就会轮流闪亮。到此调试基本完成。

课题十一　数字式温度测量电路设计

一、概述

温度测量的控制,在工业生产过程和科研工作中都非常重要。

数字式温度测量的特点是采用数码管直接显示出被测温度值,这种数字显示不仅直观、测量精度高而且便于进行自动控制。所以,数字式温度测量电路获得了广泛的应用。

(一)电路功能和组成

数字式测温电路应具有下列基本功能:

1.能把温度测量转换为成比例的模拟电信号(电流或电压等)。

2.把模拟电信号变换成数字信号。

3.最后通过数字电路(计数、译码和显示)直接指示出温度值。

根据上述基本功能的要求,可画出数字式测温电路的方框图,如图 3.11.1 所示。它主要包括:温度变换及处理、A/D 转换器和计数、译码、显示三大部分。

图 3.11.1　数字式温度测量电路组成框图

由图可以看出,在电路组成上数字式测温电路与其他数字式测量电路(比如数字式电压表等)有许多相同之处,差别仅在于测温电路多了温度变换及处理部分,这部分的作用是:

(1)要把温度(非电量)转换成与之成比例的电信号。

(2)对转换后的电压进行线性化、零点校正等处理并加以放大。

同其他数字式测量电路一样,A/D 转换器也是数字式测温电路的核心组成部分。

(二)设计方案的考虑

为了实现图 3.11.1 所示各方框的功能,可以有多种不同的方法,设计时应根据不同的设计要求和具体情况进行选择。

1.温度变换电路

关键是确定温度传感器,常用的传感器有热电偶、铂电阻、半导体热敏电阻等。它们有各自的性能特点和应用范围,比如热电偶适于高温测量(常用于 500 ℃以上的温度范围),而热敏电阻比较低,常用于温度低于 200 ℃的场合。近年来集成温度传感器已被广泛采用。它的主要优点是测温精度高,重复性好,线性优良,使用方便且适于远距离传送,不足之处是它的适用温度范围不是很宽。

电压放大电路应有高的共模抑制比、低噪声和高输入电阻,这样才能对传感器输出的微弱电压进行有效的放大,采用测量放大器(仪用放大器)是最理想的方法。

2. A/D 转换器

本课题利用 V/F 转换器实现 A/D 转换。该方法的优点是转换精度高、电路简单、成本较低和抗干扰能力强,尤其适于在转换速度不高又需要远距离信号传输的场合下应用。

3. 计数、译码和显示电路

这部分内容在数字电子电路课程中都已进行了详细的讨论,本设计电路也没有其他特殊要求,但应注意的是要在固定时间内对 A/D 转换后的数字量进行计数。

根据以上对组成功能块的初步讨论,可以画出本温度测量电路较为详细的方框图,如图 3.11.2 所示。图中增加了一个控制门电路,由它产生一个门控信号(时基脉冲),只有在其脉冲宽度内才允许计数器计数,这样才能实现上述在固定时间内对数字信号进行计数的要求。为了实现精确的温度测量,要求这个门控信号的脉冲宽度要十分精确和稳定。

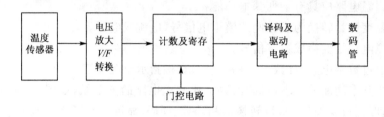

图 3.11.2   数字式温度计组成方框图

二、设计任务书

设计题目:数字式温度测量电路的设计。

(一)技术指标

(1)测温范围:-50 ℃~$+150$ ℃。

(2)测量精度:误差$<\pm 0.2$ ℃。

(3)非线性度:$<0.2\%$。

(二)设计要求

(1)主要部件采用中、大规模集成电路芯片。

(2)可用于远距离温度测量。

(3)功耗小(<5 W)。

(三)设计内容

(1)数字式温度计组成方框图,确定设计方案。

(2)分析各单元电路的工作原理和特性,并有必要的计算。

(3)说明主要集成电路芯片的功能、特点和基本工作原理。

(4)简述测量电路的调试方法。

(5)绘出完整的电路图。

三、电路组成及分析

根据设计任务和前面的讨论,我们先给出一个数字式温度测量电路的参考电路图,如图 3.11.3 所示。下面结合该电路图,对各单元电路的组成、工作原理进行分析。

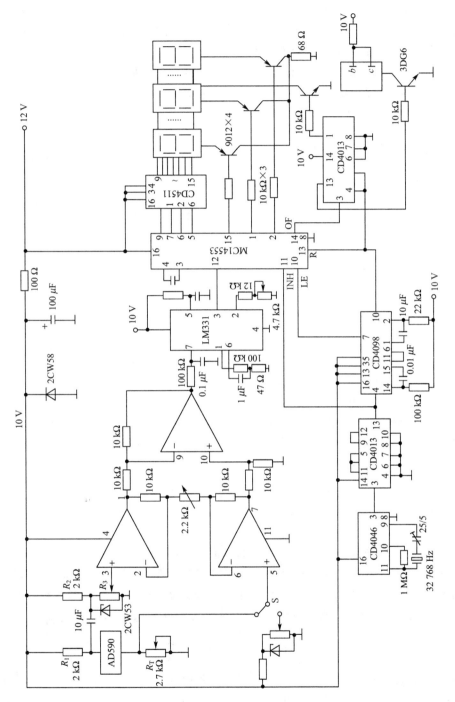

图 3.11.3 数字式温度测量参考电路

（一）温度传感器

前面已指出，温度传感器有多种类型，可根据测温范围和测温精度等要求进行选择，图示电路中采用了集成温度传感器，型号是 AD590。

AD590（国产型号 SL590）是电流型集成温度传感器。它是一个二端器件，其输出电流 I_o 的大小受温度控制，温度系数为 1 μA/℃，直接比例于绝对温度，通过电阻 R_T 得到的输出电压 U_T 为

$$U_T = (T + 273.2) \cdot R_T \times 10^{-6}\text{V}$$

式中，T 为被测摄氏温度值。AD590 的连接方法十分简单，如图 3.11.4(a)所示，其输出特性如图 3.11.4(b)所示。

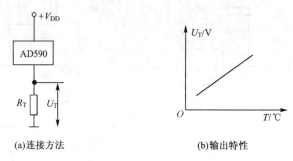

　　　　　　(a)连接方法　　　　　　　　　　　　(b)输出特性

图 3.11.4　集成温度传感器 AD590 直接方法及输出特性图

AD590 可测量 -55 ℃~$+150$ ℃ 范围内的温度，电源电压工作范围宽 $V^+ - V^- = 30$ V，使用时无须调整，测量误差在 ±0.5 ℃ 之内。

除 AD590 之外，现在应用较多的集成温度传感器，还有 SL134M 和 μPC616 等，并且多数都是电流型传感器。

（二）测量放大器

传感器输出电压 U_T 一般较弱，需要经过放大后才能进行 A/D 转换。但由于 U_T 数值较小，还常常包含有各种共模干扰信号，所以需要采用共模抑制和增益均很高的低噪声测量放大器。

测量放大器有两种结构形式，下面分别给以简要说明。

第一种由三个运算放大器组成，其结构如图 3.11.5 所示。图中 A_1 和 A_2 为同相输入放大电路，其输入电阻很高（$>10^9$ Ω），由于电路的对称性可获得很高的共模抑制比和低漂移特性。A_3 为差动输入放大电路，利用运放的虚短特性，经分析可以得到：

$$U_o = (U_T - U_R)(1 + \frac{2R_1}{R_W})\frac{R_3}{R_2}$$

上式中，U_T 为传感器输出电压，U_R 为参考电压，它是由稳压管经电位器 R_r 分压取得的。

电路中的三个运放可采用集成四运放 LM324 构成。

第二种是集成测量放大器，目前它已有多种型号的集成芯片供用户选择。它与分立运放构成的测量放大器相比，具有性能好、体积小、结构简单和成本低等优点，而且不需外接精密的匹配电阻。例如集成测量放大器 AD521 具有输入电阻高、失调电流小和共模抑制比高等特点，其放大倍数可在 0.1~1000 调整，同时具有输入/输出保护功能，有较强的

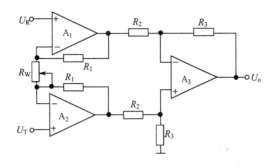

图 3.11.5 由三个运算放大器组成的测量放大器

过载能力,使用温度为 $-25\ ℃\sim +85\ ℃$。

图 3.11.6 为 AD521 的典型接线图,其中 4 脚和 6 脚为外接调零端,可外接 10 kΩ 电位器;14 脚和 2 脚间外接增益电阻 R_G;10 脚和 13 脚间外接反馈电阻 R_S,一般为 $(1000 \pm 15\%)$kΩ;1 脚和 3 脚为信号输入端(使用时必须使此两端与电源的地线构成回路)。设计中根据实际要求和现有备件情况,采用这两种测量放大器中的哪一种都是合理的。

(三)V/F 变换电路

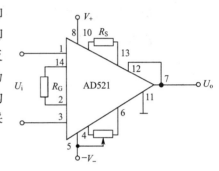

图 3.11.6 AD521 的典型接线图

V/F 变换电路的作用是把检测到的模拟电压经放大后变成对应频率的脉冲信号,脉冲信号的频率 f 与输入电压的大小成正比,即

$$f = KU_i$$

式中 U_i 为 V/F 变换电路的模拟输入电压,K 为比例系数。

只要在固定时间 T 内(由定时器控制时间 T),对 V/F 转换器输出的脉冲进行计数,则计数值与脉冲频率间的关系为:

$$D = f \cdot T = T \cdot K \cdot U_i D$$

式中 D 为计数值,f 为 V/F 转换得到的脉冲信号频率。可见计数值 D 与输入电压 U_i 的幅值成正比,从而实现了 A/D 转换。

1. V/F 转换器的工作原理

V/F 转换器有多种电路结构类型,现在应用较广泛的是电荷平衡式单片集成变换器,其简化的电路结构如图 3.11.7 所示。它的电路组成包括恒流源 I_R、积分电路(由运放 A_1 和 R,C 元器件构成)、电压比较器(由运放 A_2 构成)、单稳态定时电路以及频率输出级(晶体管 T)等几部分。

电路工作时,电流开关 S 处于位置 2,积分电路首先对输入电压 U_{IN} 进行负向积分,U_{IN} 经电阻 R 向积分电容 C 充电,随着电容电压的升高,积分器输出端电压 U_{o1} 将线性下降。当 U_{o1} 下降到 0 V 时,电压比较器(A_2)输出电压发生跳变,触发单稳态定时器使其产生一个宽度为 T_0 的正脉冲,它控制电流开关 S 使其置向位置 1,于是积分器转入放电过

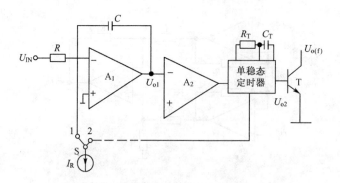

图 3.11.7　V/F 转换原理电路结构图

程。在 T_0 期间由于电路设计成 $I_R > \dfrac{U_{IN}}{R}$（充电电源），所以此时积分电容以放电为主，则积分器的输出电压线性上升。定时器输出的正脉冲宽度（T_0）结束时，电流开关 S 又置向位置 2，又对输入电压 U_{IN} 进行负向积分，积分器输出电压又重新线性下降。当 U_{o1} 降到 0 V 时，电压比较器翻转，又使单稳态定时器产生 T_0 宽度正脉冲，再次使电容 C 放电，如此反复进行下去则产生了脉冲振荡波形。积分器输出端和单稳态定时器输出端的电压波形如图 3.11.8 所示。

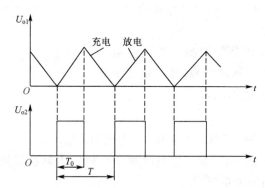

图 3.11.8　V/F 转换电路中的积分器和定时器输出波形图

设产生的脉冲振荡周期为 T，根据电荷平衡原理，积分电容充电电荷量和放电电荷量应相等，所以得出：

$$I_R T_0 = \frac{U_{IN}}{R} \cdot T$$

则输出脉冲的振荡频率为：

$$f = \frac{1}{T} = \frac{U_{IN}}{I_R \cdot R \cdot T_0}$$

可见输出电压频率 f 与输入电压 U_{IN} 成正比。显然，为了精确地实现 V/F 转换，并要求恒流源 I_R、定时器的定时时间 T_0 和积分电阻 R 的精度要高而且要稳定。

2. LM331 基本应用电路

现在有不少 V/F 集成电路芯片可供选用，其中 LM×31 系列 V/F 转换器以其价廉、性能良好和工作可靠而备受青睐。它尤为适用于 A/D 转换，本数字温度计即采用

LM331 电路。它具有如下一些性能特点：

（1）最大线性度为 0.01%；

（2）单电源或双电源工作（单电源 +5 V）；

（3）温度稳定性好，最大值为 ±50×10⁻⁶/℃；

（4）功耗低（5 V 下典型值为 15 mW）；

（5）满量程频率范围为 1 Hz～100 kHz；

LM331 V/F 转换器基本应用电路如图 3.11.9 所示。

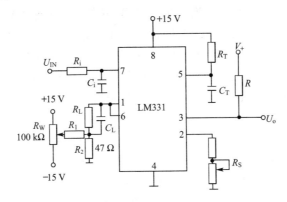

图 3.11.9　LM331 基本应用电路图

LM331 引脚功能：

（1）电流源输出端；

（2）电流源控制端；

（3）脉冲信号输出端；

（4）接地端；

（5）充电时间控制端；

（6）电压比较器阈值电压控制值；

（7）被测电压信号输入端；

（8）电源电压输入端。

图 3.11.9 中，引脚 7 为转换电压输入端，R_i、C_i 为外接低通滤波器，以滤除 U_{IN} 中的干扰信号（R_i 可取 100 kΩ 左右，C_i 为 0.01～0.1 μF）。引脚 6 与引脚 1 连接，外接积分元件 R_L，C_L，R_L 为 100 kΩ，C_L 为 1 μF，R_1，R_2 和电位器 R_W 用以改善线性。引脚 5 外接定时元件 R_T，C_T，R_T 为 6.8 kΩ，C_T 为 0.01 μF。引脚 2 外接电阻 R_S，R_S 以调节 LM331 的增益偏差和其他由 R_L、C_T、R_T 引起的偏差，从而可校正频率。引脚 3 为脉冲信号输出端（集电极开路输出）。外接电阻 R 约为 10 kΩ，所加电源电压应与后面被驱动的电路所要求的电平相一致。根据电荷平衡原理，可得出 LM331 的输出频率表达式为

$$f_o = \frac{R_S}{2.09 R_L \cdot R_T \cdot C_T} \cdot U_{IN}$$

（四）计数、译码和显示电路

用 V/F 转换器完成 A/D 转换，需要与计数器配合使用，即要在固定的时间内对 V/F

转换器输出的脉冲进行计数,该计数值表示了 V/F 转换器所输入的模拟电压大小。

计数器选用 MC14553(CD4553),它是三位十进制(BCD 码输出)计数器;显示译码器选用 CD4511,它设有锁存器、七段显示译码器和输出驱动电路;显示器选用三个七段数码管。以上器件的功能、引脚图以及电路连接使用方法已经在第二章和其他选题中讨论过,这里不再重复。

(五)定时、锁存和清零信号产生电路

1. 定时(1 s)信号

前面曾经指出,要采用 V/F 转换器进行 A/D 转换,就应该对 V/F 转换器输出的频率脉冲在固定时间内进行计数。这一时间常定为 1 秒,则此期间计数的结果就是转换器输出脉冲的频率,为了配合计数器 MC14533,就需要产生频率为 0.5 Hz(周期为 2 秒)的对称方波。该方波输出在低电平期间(1 秒)控制计数器(MC14533)计数,这只要使该方波作用到 MC14533 的计数允许控制端(INH 端,引脚 11)即可。因为 INH 端为低电平时才允许计数,而为高电平时禁止计数。

这种频率为 0.5 Hz 的方波信号作为计数时间的基准,叫作秒时基信号。为了得到时间精确的秒时基信号,通常采用"振荡加分频"的方法,即先产生一个高频方波,而后对它进行分频,只要分频系数合适,就可以得到所需要的"秒信号"。比如高频振荡产生方波的频率为 32 768 Hz($=2^{15}$ Hz),经过 2^{16} 次分频,就得到了我们所要求的频率为 0.5 Hz 的"秒信号"。完成这种功能的原理电路如图 3.11.10 所示。图中用了两个集成电路器件(CD4060 和 CD4013),关键是 CD4060,它是一个 14 位二进制计数器/分频器/振荡器集成电路。它由两部分电路构成,一部分电路是 14 级分频器,另一部分电路是振荡器。分频器部分是由 T 触发器组成的 14 位二进制串行计数器,其分频系数为 16～16 384(即 2^4～2^{14},分别由 Q_4～Q_{14} 输出),振荡器部分是两个反相器,通过外接电子表用石英晶体构成振荡频率为 32 768 Hz 的非对称式多谐振荡器,经其本身 14 级分频,在其输出端(引脚 3)得到频率为 2 Hz 的对称方波,然后再经过后面所接的双 D 触发器 CD4013 的四分频,即可从引脚 13 得到 0.5 Hz 的对称方波。脉冲宽度为 1 秒,它就是所要求的秒信号,即定时信号。

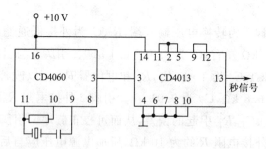

图 3.11.10　秒信号产生电路图

2. 锁存和清零信号

要对 V/F 转换器输出的脉冲进行定时计数,有一点要注意,就是计数的期间,数码管显示的数字不应变化,而且只有在 1 秒时间结束停止计数时才显示计数结果。这就需要在计数和译码单元之间设置锁存单元,计数器 MC14553 内部包含有锁存单元(寄存器),

计数结果能否进入寄存器由锁存允许端 LE 控制。前已述及,当 $LE="1"$ 时,寄存器内容保持不变,而 $LE="0"$ 时,计数值进入寄存器,这种时序关系见图 3.11.11。当秒信号(开门脉冲)为低电平时,MC14553 计数,此期间锁存允许端 LE(引脚 10)一直为高电平。寄存器保持原有的内容,计满 1 秒时,开门脉冲输出端(引脚 11)产生上升沿,此时应使 LE端输出一个低电平,这样才能把计数结果读入锁存寄存器。低电平过后,LE 端又反转为高电平,使读入的结果锁存住。图 3.11.11 中同时给出了清零信号,在计数结果被寄存器读入后,应使计数器清零,以等待下一个秒信号的低电平到来时重新进行计数。

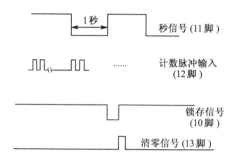

图 3.11.11　MC14553 主要功能时序图

锁存和清零信号产生电路由 CD4098 完成。CD4098 是双单稳态触发器,其引出端功能如图 3.11.12 所示。其中 TR_+、TR_- 分别为上升沿、下降沿触发输入端,R 为清零端,其功能表如表 3.11.1 所示。

表 3.11.1　　　　CD4098 功能表

TR_+	TR_-	R	Q	$\overline{Q}$
↑	1	1	⊓	⊔
0	↓	1	⊓	⊔
×	×	0	0	1

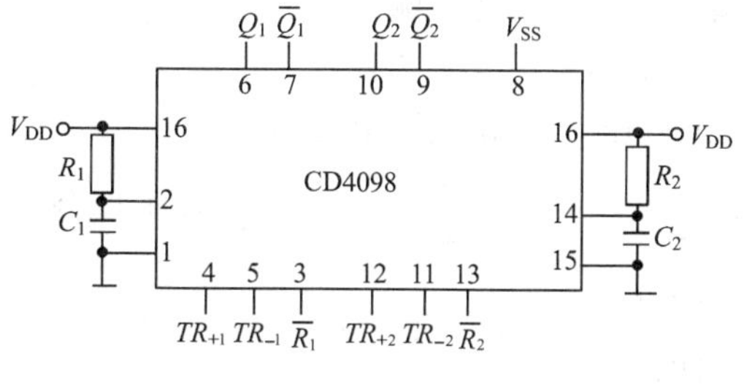

图 3.11.12　CD4098(双单稳态触发器)引出端功能图

要产生符合时序要求的锁存和清零信号,双单稳态触发器 CD4098 的连接电路如图 3.11.13 所示。

图中,用秒信号(来自 CD4013 的引脚 13)的上升沿触发 CD4098 的第一个单稳态电路,它产生的脉冲下降沿去触发第二个单稳态电路,结果得到了如图 3.11.11 所示的锁存和清零信号,分别由 CD4098 的引脚 7 和 10 输出。锁存信号和清零信号的脉冲宽度分别由引脚 1～2 和 14～15 所接的电阻、电容值决定。

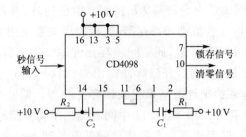

图 3.11.13　CD4098 构成锁存和清零信号电路图

四、计算内容

(一)测量放大器的计算

本设计电路的计算内容主要是测量放大器。要确定它的电压放大倍数并由此决定其相应电阻的阻值。

V/F 变换电路输出的脉冲信号频率 f 与其输入电压 U_i 间的关系为

$$f = \frac{R_S}{2.09 R_L R_T C_T} \cdot U_i$$

式中 $R_T = 6.8\ \text{k}\Omega, C_T = 0.01\ \mu\text{F}$ 都是典型设计值。根据需要只需要确定 R_L 和 R_S 值,它们分别为零点迁移和量程调节电阻。如果取 $R_L = 100\ \text{k}\Omega, R_S = 14\ \text{k}\Omega$,则可得到:

$$f = 0.985 \cdot U_i\ \text{kHz}$$

即 V/F 变换器的输入电压 U_i 为 1 V 时,f 达到 0.985 kHz。为了获得良好的线性和稳定性,设计 V/F 变换器时,应使其在 $0 \sim 100\ ℃$ 范围内经温度传感器所对应的变换电压值,转换成相应的频率变化范围为 $1 \sim 2$ kHz,即 V/F 变换电路应具有图 3.11.14 所示的 $T\text{-}F$ 转移特性。温度为 100 ℃ 时,为了得到频率为 2 kHz 的脉冲信号,根据 $f = 0.985 U_i$ 的关系式,则需要有 2 V 左右的输入电压 U_i,这个输入电压正是测量放大器的输出电压(U_o),即要求放大器能产生约 2 V 的输出电压 U_o。由此可确定所需的电压放大倍数 A_U:

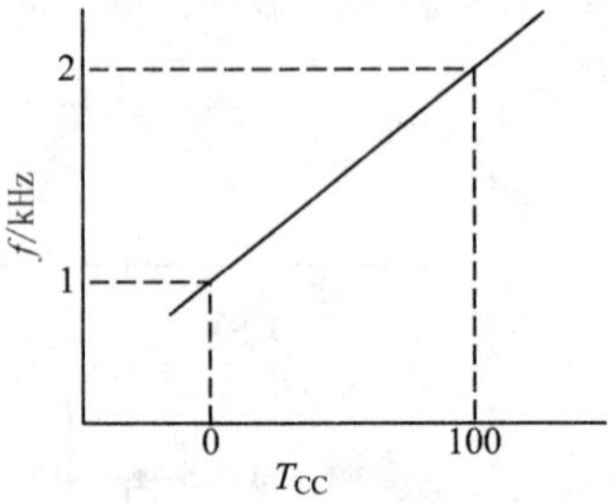

$$A_U \geqslant \frac{U_o}{U_T - U_R}$$

图 3.11.14　V/F 变换电路的 $T\text{-}F$ 转移特性

式中 U_T 为传感器的输出电压:

$$U_T = (T + 273.2) R_T \times 10^{-6}\ \text{V}$$

当温度 T 为 100 ℃ 时,U_T 可以达到(数十毫伏至数百毫伏),只要电阻(实际为电位器)取值不很小($> 100\ \Omega$)即可。U_R 是恒定的基准电压(调零点温度指示用),其大小也是可调节的。

这样,放大器的电压放大倍数最小应为

$$A_{U\min} = U_o / U_T$$

U_o 要求 2 V 左右,U_T 为数十毫伏量级。设定一个 U_T 值,即可确定出 A_U 的最小值。当

$A_{U\min}$确定后,就可以选定测量放大器的有关电阻元件值:

(1)采用运放构成测量放大器时,其电压放大倍数 A_U 的表达式为

$$A_U = (1 + \frac{2R_1}{R_w})\frac{R_3}{R_2}$$

式中各电阻标号见图 3.11.5,R_w 可用 $2\sim5$ kΩ 电阻器,为方便常令 $R_2 = R_3 = 10\sim$ 20 kΩ,则电阻 R_1 即可求出。

(2)采用集成测量放大器(比如 AD521)时,其电压放大倍数的表达式更简单,为

$$A_U = R_S/R_G$$

(见图 3.11.6)。同样可根据 A_U 值的要求,确定出两个电阻 R_S 和 R_G,其中 R_S 通常取为 100 kΩ。

(二)锁存信号和清零信号电路

这部分电路要产生两个控制信号,锁存信号控制 MC14553 的 LE(锁存允许)端,使在 1 秒开门脉冲存在期间寄存器保持原有的内容不变,而在计数器计满 1 秒时,寄存器才把计数结果存入。清零信号控制 MC14553 的复位(R)端,每当锁存器读入计数值后,利用清零信号对计数器清零,以重新开始下次计数。请参看图 3.11.11 和 3.11.13,它们分别为这部分的波形和电路图。

对锁存信号和清零信号的宽度有严格的要求,由于此二信号是由集成单稳态触发器(CD4098)获得,其输出脉冲宽度 t_W 由下式决定:

$$t_W \approx 0.69R \cdot C$$

式中 R,C 代以 R_1,C_1 值,得到的脉宽 $t_{W1} = 0.69R_1C_1$ 为清零信号脉冲宽度,而代入 R_2, C_2 值得到 $t_{W2} = 0.69R_2C_2$ 为锁存信号脉宽。

锁存信号脉宽应取大些值,可设定为 $t_{W2} = 0.1\sim0.2$ s,而对清零信号的脉冲宽度就不必取值较大,一般取 $t_{W1} = 1$ ms 也就可以了。

当 t_{W1}、t_{W2} 值确定后,就可以决定 R_1,C_1,R_2,C_2 数值了。

(三)数码管限流电阻

由显示译码器 CD4511 驱动数码管的连接示意图如图 3.11.15 所示。数码管的限流电阻由三极管集电极电阻承担,其阻值由下式计算:

$$R = \frac{U_{OH} - U_{DF} - U_{AC}}{I_{DF}}$$

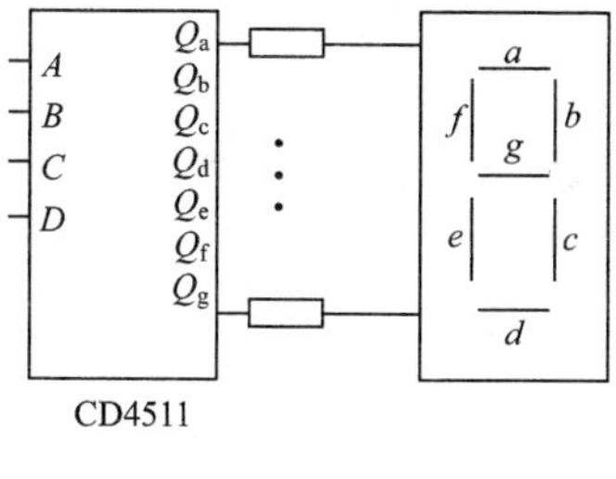

图 3.11.15 驱动共阴 LED 数码管

式中 U_{OH} 为 CD4511 输出高电平($\approx U_{DD} = 12$ V),U_{DF} 为数码管正向压降(≈ 2 V),U_{AC} 为三极管的饱和管压降(≈ 1 V),I_{DF} 为数码管正向电流(7 段均导通时,I_{DF} 极限值为

20 mA),可取为 10 mA 左右,于是根据上式可估算出限流电阻 R 的阻值。

限流电阻阻值过大,数码管亮度不够,但过小又可能损坏数码管。

五、调试方法

下面结合给出的设计参考电路,简要说明它的调试方法。由于该电路主要是由集成电路芯片组装起来的,调试过程就比较简单。在设计好印刷电路板并仔细装好各集成组件,通电后,该电路就可以基本正常工作。数码管能够显示出温度值,但一般不会准确,需经过调试方能完全正常工作。

如果开机后,工作不正常,比如数码管没有显示,或显示很不稳定,就要停下来认真检查一下组装的电路是否有误,先查看各单元电路电源是否已加上(本电路使用两组直流电源——10 V 和 12 V),各接地端是否都接到地线了,元器件连线有没有虚焊、脱焊,并仔细看各组件的引脚是否接对。要注意检查测量放大器(模拟电路)的工作情况,可以用万用表检查它的输出端是否有稳定的直流电压输出,调整电位器时其输出电压值是否会随之改变,根据检查情况,可调换另外一块 LM324 集成运放。

在排除了一切故障,电路可基本正常工作后,就可以进行以下的调试工作。

(一)时基频率调整

秒时基信号是其他电路得以正常工作的重要条件,也关系到测温的精度。为此,首先要使 CD4060 能产生 32 768 Hz 的方波,可把频率计的输入端接至 CD4060 的振荡信号输出端(引脚 11),通过仔细调节微调电容 C_T,使频率计读数为 32 768 Hz,这个信号频率调准了,经分频就可以得到精确的"秒信号"供计数器和锁存、清零信号产生电路使用。

(二)零度调整

当被测温度为 0 ℃时,显示器应指示出"00.0"。为此,应把温度传感器和标准水银温度计一起放入冰水中,待水银温度计稳定为 0 ℃时,调节测量放大器输入端参考电压电位器(R_f),并可同时借助调整温度传感器所接的电位器(R_T),使显示读数达到上述要求值。

(三)满度调整

调整完零度指示后,把温度传感器和水银计一块放入电热杯中,并加热到沸点,待水银温度计稳定在 100 ℃时,调节测量放大器的放大倍数(调电位器 R_w),使显示读数为"000",同时大于百度指示数码管应显示"1"。(见后面讨论内容)

如果实验室内不具备零度和满度调整所需条件时,可用冷水和开水代替上面的 0 ℃和 100 ℃条件,参照上述调整方法进行调整,以建立调整方法的感性认识。

(四)检查电路的调整

为了使测温装置测温方便,参考电路中还设置一个"检查"输入端,当开关 S 置向"测量"位置时,该装置对被测物体进行测量,而当开关 S 置向"检查"位置时,传感器对本电路不起作用,但可由电位器 R_J 引入一个直流电压加至放大器输入端,它代替传感器的输出电压,于是我们可通过改变 R_J 大小,而使显示器指示某一个固定值,比如显示为30.0 ℃,然后把 R_J 锁定使其不再变化,以便用来作为检查此测温装置是否工作正常的标志。如果要检查该装置是否正常时,可把开关 S 打到"检查"挡,显示值为预先设置值(30.0 ℃)时,说明该装置工作正常,否则为工作不正常。

六、讨论

（一）测温范围扩展电路

这部分电路的功能是可使前面所说明的测温装置能显示出被测温度的正、负值，并能扩展测温范围（＞100 ℃）。

为了实现上述功能。电路中接入了一个双 D 触发器 CD4013。并利用计数器 MC14553 的溢出信号作为 CD4013 的触发信号，现在简述其工作原理。

MC14553 是三位十进制计数器（BCD 码输出），每当计满 1000 个脉冲时，它的溢出端 OF（引脚 14）就输出一个完整的脉冲，而后又重新开始从零计数。基于这一特点，同时又根据在设计 V/F 变换器时，是把 0～100 ℃转换、放大后的输出电压变换成对应的脉冲频率 1000～2000 Hz 这一原则，我们就可以根据 MC14553 的计数值（最高计数值为 1000）和其溢出端 OF 的输出情况，来确定被测温度是处于小于 0 ℃，0～100 ℃或大于 100 ℃的范围，其原理电路见图 3.11.16(a)，对应的波形关系见图 3.11.16(b)。图中 F_1 和 F_2 是两个 D 触发器，它们均接成 T 型触发器（D 端和 $\overline{Q}$ 端相连接），由时钟脉冲上升沿触发，其溢出脉冲情况有下列三种可能：

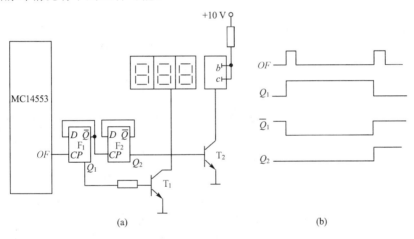

图 3.11.16　测温范围扩展电路及波形图

1. 在计数周期 1 秒内，只有一个溢出脉冲产生，则两个触发器的输出状态为 $Q_2Q_1 =$"01"，于是三极管 T_1 导通，个位数码管小数点被点亮，说明计数脉冲个数在 1000～2000 范围内，则显示的温度值完全正确，在 0～100 ℃范围内。

2. 在计数周期内，如果有两个溢出脉冲产生，则两个触发器的输出状态为 $Q_2Q_1 =$"10"，说明计数脉冲个数大于 2000，（即频率＞2000 Hz），则被测温度值大于 100 ℃，这时原有的三位数码管显示值是大于 100 ℃的温度值部分，正确的温度值应把这个显示温度值再加 100 ℃才行，这时 Q_2 输出的高电平使 T_2 导通，于是对应的百位数码管被点亮，但该数码管只利用了其中的 b,c 段，所以只指示为 1，从而完成了显示温度值为＞100 ℃的范围。

3. 如果在计数周期 1 秒内，没有溢出脉冲产生，说明计数脉冲个数＜1000，对应的频率＜1000 Hz，即被测温度值＜0 ℃，此时原来三位数码管显示的数值并不是实际温度值，实际温度值应为显示值减去 100.0，比如显示值为 75.5 则正确温度值应为 75.5－100.0

$=-24.5\ ℃$。注意由于此时无溢出脉冲，触发器状态 $Q_2Q_1=$ "00"，所以小数点和百位数码管均不亮，做出了指示温度值为 $<0\ ℃$ 的状态。

在电路中，上述的两个 D 触发器采用的是集成双 D 触发器 CD4013。

（二）实现温度控制

上面设计的电路只是完成了温度测量，如果要同时实现温度的控制，就要增设温度控制电路单元。最简单的温控单元电路可以利用施密特触发器（滞回电压比较器），由它去控制继电器的吸合，从而进行通电加热升温或断电降温。施密特触发器的反相输入端与测量放大器的输出端相连，同相输入端接参考电压（电压值可由电位器调整），该参考电压大小和预置的温控值相对应。温控电路如图 3.11.17 所示。

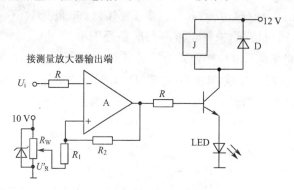

图 3.11.17　温度控制电路

图中由运算放大器和外接电阻组成施密特电压比较器，其滞后电压 ΔU 由下式决定：

$$\Delta U=\frac{R_1}{R_1+R_2}(U_{\text{OH}}-U_{\text{OL}})$$

U_{OH} 代表输出高电平，U_{OL} 代表输出低电平。U'_{R} 为控温参考电压，其大小与预置控制温度值相对应，调节 R_{W} 可改变预置控温值。如果被控温度低于预置值（即 $U_i<U'_{\text{R}}$），电压比较器输出高电平，使三极管导通，继电器 J 吸合，对控温对象通电加热，直至温度升高到 $U_i\geqslant U'_{\text{R}}+\Delta U$，电压比较器翻转输出低电平，三极管截止，继电器 J 释放，使控温对象断电，待温度慢慢下降至转换电压 $U_i\leqslant U'_{\text{R}}$ 时，电压比较器又输出高电平，重新使三极管导通，对被控对象通电加热。

LED 发光二极管作为加热状态指示灯。

集电极所接二极管 D 作为三极管保护用，当晶体管由导通变为截止状态时，控制继电器的电感线圈将会产生很高的反电势，极性为上负下正，如不采取措施，将有可能使晶体管集电结反向击穿而损坏。当接入二极管 D 后，此时二极管将导通，使反电势电压被限制在 0.7 V 左右，从而可使三极管能安全工作。

附　录

附录一　KHD-2型数字电路实验装置

　　KHD-2型数字电路实验装置是根据目前我国"数字电路与数字逻辑"、"数字电路"、"数字电路基础"等课程教学大纲的要求,广泛吸取各高等院校及实验工作者的建议而设计的新一代开放型实验台,它包含了全部数字电路的基本教学所需实验,如:验证性实验、设计性实验、综合实验及有关课程设计的内容。

　　本装置是由实验控制屏与实验桌组成一体的。实验控制屏主要由两块单面敷铜印刷电路板及相应电源、仪器仪表等组成。屏与桌均由铁质喷塑材料制成;实验桌左、右两侧各设有一块可以装卸的用来放置示波器、万用表等设备的附加台面,从而创造出一个舒适、宽敞、良好的实验环境。这样一套装置可以同时进行两组实验。

一、组成和使用

　　本装置的控制屏是由两块相同的数电实验功能板组成的。其控制屏两侧均装有交流220 V的单相三芯电源插座。

　　(一)每块实验功能板上均包含以下各部分内容:

　　1.实验板上共装有一只电源总开关(开/关)及一只熔断器(1 A)作短路保护。

　　2.实验板上共装有600多个高可靠的自锁紧式、防转、叠插式插座。它们与集成电路插座、镀银针管座以及其他固定器件线路的连线已设计在印刷电路板上。板正面印有黑线条连接的器件,表示反面(即印刷单线板一面)已装上器件并接通。

　　采用高档弹性插件,这类插件,其插头与插座之间的导电接触面积大,接触电阻极其微小(接触电阻≤0.003 Ω,使用寿命>10 000 次以上),同时插头与插头之间可以叠插,从而可形成一个立体布线空间,使用起来极为方便。

　　3.实验板上装有200多根镀银(长15 mm)紫铜针管插座,供实验时接插小型电位器、电阻、电容、三极管及其他电子器件用(它们与相应的锁紧插座已在印刷电路板面连通)。

　　4.实验板上装有四路直流稳压电源(±5 V、1 A 及两路 0~18 V 电源、0.75 A 可调的直流稳压电源)。开启直流电源处各分开关,±5 V 输出指示灯亮,表示±5 V 的插孔处有电压输出;而 0~18 V 两组电源若输出正常,其相应指示灯的亮度则随输出电压的升高由暗渐趋明亮。这四路输出均具有短路软截止自动恢复保护功能,其中±5 V 具有短路告警指示功能。两路 0~18 V 直流稳压电源为连续可调的电源,若两路 0~18 V 电源串联,并令公共点接地,可获得 0~±18 V 可调电源;若串联后令一端接地,则可获得 0~36 V 可调电源。

　　实验板上标有"±5 V"处,是指实验时须用导线将直流电源+5 V 引入该处,是+5 V

电源的输入插口。

5.高性能双列直插式圆脚集成电路插座 18 只(其中 40P 编程插座 1 只,28P 1 只, 24P 1 只,20P 1 只,16P 5 只,14P 61 只,8P 2 只)。

6.6 位十六进制七段译码器与 LED 数码显示器

每一位译码器均采用可编程器件 GAL 设计而成,具有十六进制全译码功能。显示器采用 LED 共阴极红色数码管(与译码器在反面已连接好),可显示四位 BCD 码十六进制的全译码代号:0,1,2,3,4,5,6,7,8,9,A,B,C,D,E,F。

7.4 位 BCD 码十进制拨码开关组

每一位的显示窗指示在 0～9 中的一个十进制数,在 A,B,C,D 四个输出插口处输出相应的 BCD 码。每按动一次"+"或"-"键,将顺序地进行加 1 计数或减 1 计数。

若将某位拨码开关的输出口 A、B、C、D 连接在"2"的一位译码显示的输入端口 A,B, C,D 处,当接通＋5 V 电源时,数码管将点亮显示出与拨码开关所指示一致的数字。

8.十六位逻辑电平输入

在接通＋5 V 电源后,当输入口接高电平时,所对应的 LED 发光二极管点亮;输入口接低电平时,则熄灭。

9.十六位逻辑电平输出

提供 16 小型单刀双掷开关及对应的开关电平输出插口,并有 LED 发光二极管予以显示。当开关向上拨(即拨向"亮")时,与之相对应的输出插口输出高电平,且其对应的 LED 发光二极管点亮;当开关向下拨(即拨向"低")时,相对应的输出口为低电平,则其对应的 LED 发光二极管熄灭。

使用时,只要开启＋5 V 稳压电源处的分开关,便能正常工作。

10.脉冲信号源

提供两路正、负单次脉冲源;频率 1 Hz、1 kHz、20 kHz 附近连续可调的脉冲信号源;频率 0.5 Hz～300 kHz 连续可调的脉冲信号源。使用时,只要开启＋5 V 直流稳压电源开关,各个输出插口即可输出相应的脉冲信号。

(1)两路单次脉冲源每按一次单次脉冲按键,在其输出口"⌐⌐"和"⌐⌐"分别送出一个正、负单次脉冲信号。四个输出口均有 LED 发光二极管予以指示。

(2)频率为 1 Hz、1 kHz、20 kHz 附近连续可调的脉冲信号源

接通电源后,其输出口将输出连续的幅度为 3.5 V 的方波脉冲信号。其输出频率由"频率范围"波段开关的位置(1 Hz、1 kHz、20 kHz)决定,并通过"频率调节"多圈电位器对输出频率进行细调,并有 LED 发光二极管指示有否脉冲信号输出,当频率范围开关置于 1 Hz 挡时,LED 发光指示灯应按 1 Hz 左右的频率闪亮。

(3)频率连续可调的脉冲信号源

本脉冲源能在很宽的范围内(0.5 Hz～300 Hz)调节输出频率,可用作低频计数脉冲源;在中间一段较宽的频率范围,则可用作连续可调的方波激励源。

11.五功能逻辑笔

这是一只新型的逻辑笔,它是用可编程逻辑器件 GAL 设计而成,具有显示五种功能的特点。只要开启＋5 V 直流稳压电源开关,用锁紧线从"输入"口接出,锁紧线的另一端可视为逻辑笔的笔尖,当笔尖点在电路中的某个测试点时,面板上的四个指示灯即可显示

出该点的逻辑状态;是高电平("高")、低电平("低")、中间电平("中")或高阻态("高阻");若该点有脉冲信号输出,则四个指示灯将同时点亮,故有五功能逻辑笔之称,亦可称为"智能型逻辑笔"。

12.该实验板上还设有两路报警指示(LED 发光二极管指示与声响电路指示各一路),按钮两只,一只 10 kΩ 多圈精密电位器,两只碳膜电位器(100 kΩ 与 1 MΩ 各一只)及音乐片、扬声器、继电器等。

13.板上还设有可装卸固定线路实验小板的蓝色固定插座四只。

14.为了接线方便,在数字实验板上还设置了一处与+5 V 直流稳压电源相连(在印刷电路板面)的电源输出插口。

15.本实验装置附有充足的长短不一的实验专用连接导线两套(共 140 根)。

二、使用注意事项

1.使用前应先检查各电源是否正常

(1)关闭 KHD-2 型数字电路实验装置上所有电源开关,然后接通该实验装置与 220 V 交流电源。

(2)开启实验装置上的电源总开关(位于实验装置左下端),电源指示灯亮。

(3)开启+5 V、-5 V 电源开关,对应指示灯(两只 LED 发光二极管)亮,同时逻辑笔高阻 LED 发光二极管指示灯亮、单次脉冲指示灯亮、连续脉冲输出指示灯亮。同时可检查 16 位开关电平输出,每一个开关对应(一只 LED 发光二极管)一个指示灯,开关向上,输出高电平指示灯亮。

(4)开启两个 0~18 V 电源开关,顺时针调大两个微调旋钮,两个 LED 发光二极管应渐渐变亮。

2.接线前务必熟悉实验大块板上各单元、元器件的功能及其接线位置,特别要熟知各集成块插脚引线的排列方式及接线位置。

3.实验接线前必须先断开总电源,严禁带电接线。

4.接线完毕,检查无误后,再插入相应的集成电路芯片后方可通电;只有在断电后方可拔下集成芯片,严禁带电拔芯片。

5.实验板上要始终保持清洁,不可随意放置杂物,特别是导电的工具和导线等,以免发生短路等故障。

6.本实验装置上的直流电源及各信号源设计时仅供实验使用,一般不外接其他负载或电路,如作他用,则要注意使用的负载不能超出本电源或信号源的范围。

7.插、拔集成芯片须用特定的工具,禁止用手直接拔集成芯片,以免损坏芯片引脚,集成芯片特定的工具有:插、拔集成芯片的启子、平口螺丝刀等。

8.实验中须了解集成电路芯片的引脚功能及其排列方式时,可查阅数字电路实验指导书的附录 4。

9.实验完毕,及时关闭电源开关,并及时清理实验板面,整理好连接导线并放置规定的位置。

10.实验时要用到本装置以外的设置,如示波器、万用表、测频仪等,这些仪器的外壳应妥善接地。

附录二　集成逻辑门电路新、旧图形符号对照表

名　称	新国际图形符号	旧图形符号	逻辑表达式
与门	A B C & Y	A B C Y	$Y = A \cdot B \cdot C$
或门	A B C $\geqslant 1$ Y	A B C $+$ Y	$Y = A + B + C$
非门	A 1 Y	A Y	$Y = \overline{A}$
与非门	A B C & Y	A B C Y	$Y = \overline{A \cdot B \cdot C}$
或非门	A B C $\geqslant 1$ Y	A B C $+$ Y	$Y = \overline{A + B + C}$
与或非门	A B C D & $\geqslant 1$ Y	A B C D $+$ Y	$Y = \overline{A \cdot B + C \cdot D}$
异或门	A B =1 Y	A B $\oplus$ Y	$Y = A \cdot \overline{B} + \overline{A} \cdot B$ $= A \oplus B$
同或门	A B =1 Y	A B $\odot$ Y	$Y = A \cdot B + \overline{A} \cdot \overline{B}$ $= A \odot B$
OC 与非门	A B & Y	A B Y	$Y = \overline{A \cdot B}$

附录三 集成触发器新、旧图形符号对照表

名 称	新国际图形符号	旧图形符号	触发方式
由与非门构成的基本 RS 触发器	S Q R $\overline{Q}$	S Q R $\overline{Q}$	无时钟输入,触发器状态直接由 S 和 R 的电平控制
由或与非门构成的基本 RS 触发器	S Q R $\overline{Q}$	S Q R $\overline{Q}$	
TTL 边沿型 JK 触发器	S_D J CP K R_D Q $\overline{Q}$	S_D J CP K R_D Q $\overline{Q}$	CP 脉冲下降沿
TTL 边沿型 D 触发器	S_D D CP R_D Q $\overline{Q}$	S_D CP D R_D Q $\overline{Q}$	CP 脉冲上升沿
CMOS 边沿型 JK 触发器	S_D J CP K R_D Q $\overline{Q}$	S_D J CP K R_D Q $\overline{Q}$	CP 脉冲上升
CMOS 边沿型 D 触发器	S_D D CP R_D Q $\overline{Q}$	S_D CP D R_D Q $\overline{Q}$	CP 脉冲负跳
半加器	A B Σ CO S C	A B HA S C	$S=\overline{A}B+\overline{B}A$ $C=AB$
全加器	A_i B_i C_i Σ CI CO S_i C_i	A_i B_i C_{i-1} FA S_i C_i	$S_i=A_i\oplus B_i\oplus C_{i-1}$ $C_i=A_iB_i+(A_i\oplus B_i)C_{i-1}$

附录四　部分集成电路引脚图

一、74LS 系列

74LS00 四 2 输入与非门

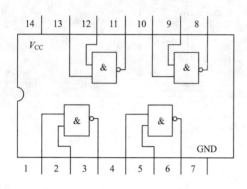

74LS86 四 2 输入异或门

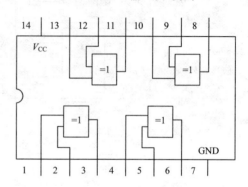

74LS03 四 2 输入 OC 与非门

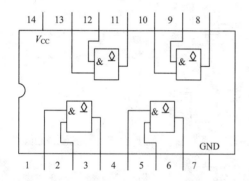

74LS04 六反相器

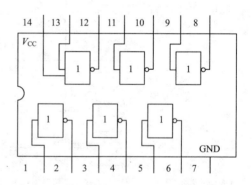

74LS08 四 2 输入与门

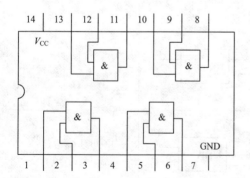

74LS20 双 4 输入与非门

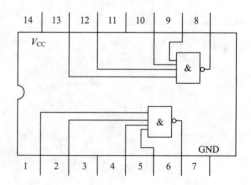

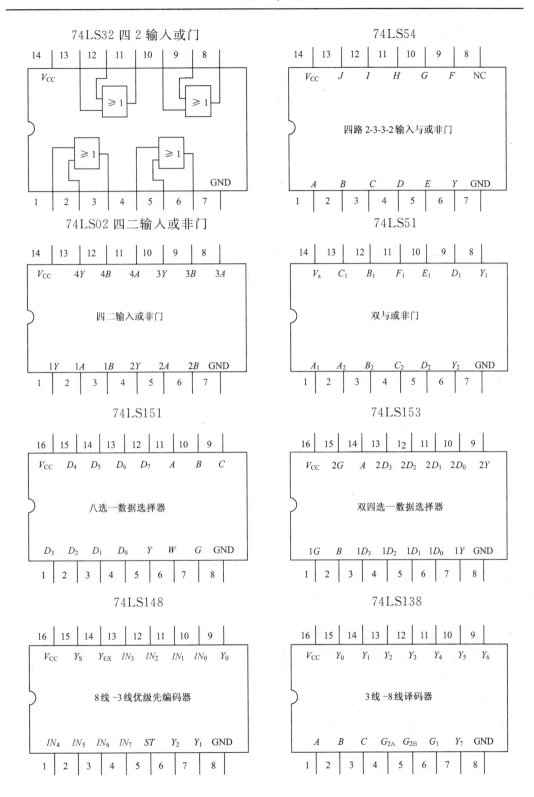

74LS32 四 2 输入或门

74LS54

四路 2-3-3-2 输入与或非门

74LS02 四二输入或非门

四二输入或非门

74LS51

双与或非门

74LS151

八选一数据选择器

74LS153

双四选一数据选择器

74LS148

8线 -3线优级先编码器

74LS138

3线 -8线译码器

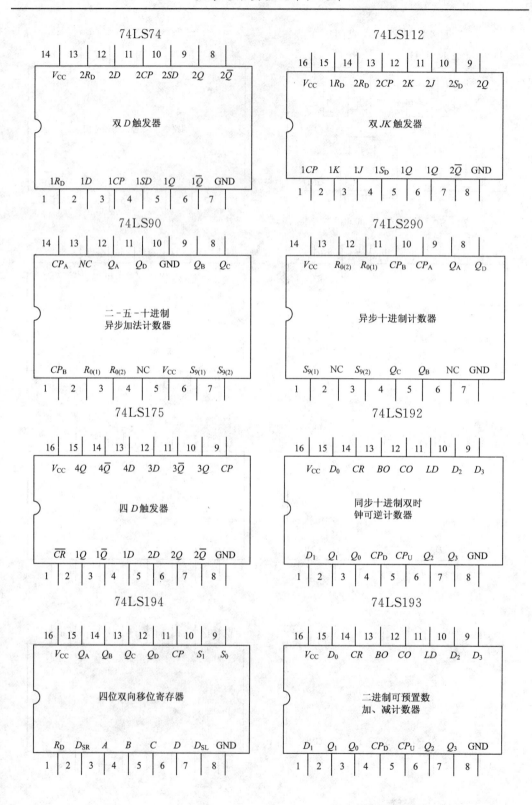

运算放大器

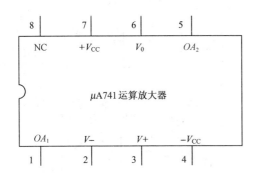

74LS161

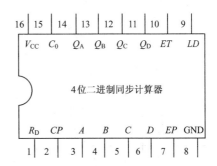

555 时基电路

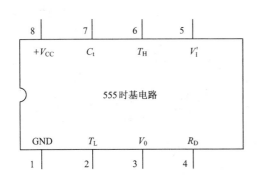

74LS30 八输入与非门

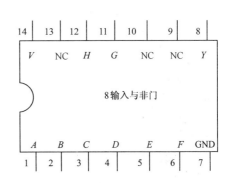

74LS244

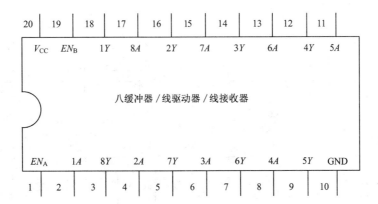

二、CC4000 系列

CC4001 四 2 输入或非门

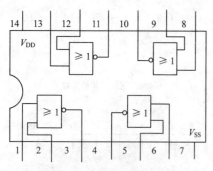

CC4011 四 2 输入与非门

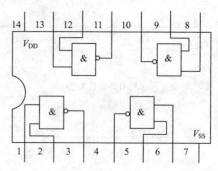

CC4012 双 4 输入与非门

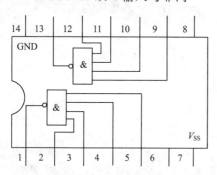

CC4030 四异或门

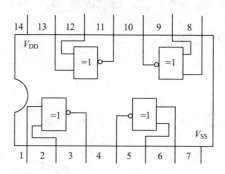

CC4071 四 2 输入或门

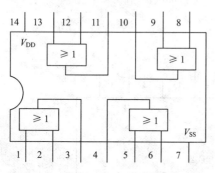

CC4081 四 2 输入与门

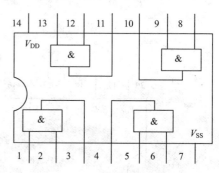

CC4069 六反相器

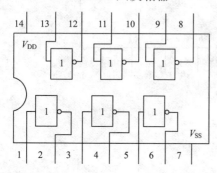

CC40106 六施密特触发器

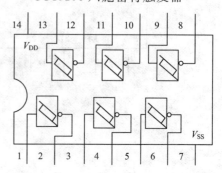

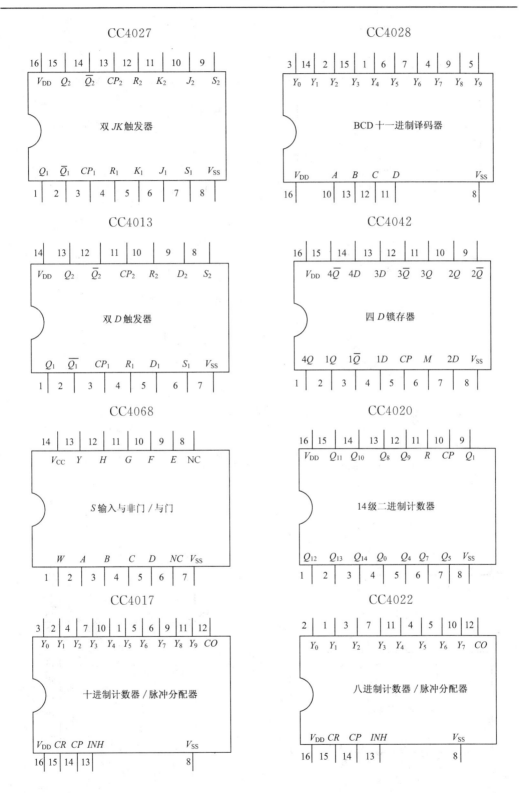

CC4027

16	15	14	13	12	11	10	9
V_{DD}	Q_2	$\overline{Q}_2$	CP_2	R_2	K_2	J_2	S_2

双 JK 触发器

Q_1	$\overline{Q}_1$	CP_1	R_1	K_1	J_1	S_1	V_{SS}
1	2	3	4	5	6	7	8

CC4028

3	14	2	15	1	6	7	4	9	5
Y_0	Y_1	Y_2	Y_3	Y_4	Y_5	Y_6	Y_7	Y_8	Y_9

BCD 十一进制译码器

V_{DD}	A	B	C	D	V_{SS}
16	10	13	12	11	8

CC4013

14	13	12	11	10	9	8
V_{DD}	Q_2	$\overline{Q}_2$	CP_2	R_2	D_2	S_2

双 D 触发器

Q_1	$\overline{Q}_1$	CP_1	R_1	D_1	S_1	V_{SS}
1	2	3	4	5	6	7

CC4042

16	15	14	13	12	11	10	9
V_{DD}	$4\overline{Q}$	$4D$	$3D$	$3\overline{Q}$	$3Q$	$2Q$	$2\overline{Q}$

四 D 锁存器

$4Q$	$1Q$	$1\overline{Q}$	$1D$	CP	M	$2D$	V_{SS}
1	2	3	4	5	6	7	8

CC4068

14	13	12	11	10	9	8
V_{CC}	Y	H	G	F	E	NC

S 输入与非门/与门

W	A	B	C	D	NC	V_{SS}
1	2	3	4	5	6	7

CC4020

16	15	14	13	12	11	10	9
V_{DD}	Q_{11}	Q_{10}	Q_8	Q_9	R	CP	Q_1

14 级二进制计数器

Q_{12}	Q_{13}	Q_{14}	Q_0	Q_4	Q_7	Q_5	V_{SS}
1	2	3	4	5	6	7	8

CC4017

3	2	4	7	10	1	5	6	9	11	12
Y_0	Y_1	Y_2	Y_3	Y_4	Y_5	Y_6	Y_7	Y_8	Y_9	CO

十进制计数器/脉冲分配器

V_{DD}	CR	CP	INH	V_{SS}
16	15	14	13	8

CC4022

2	1	3	7	11	4	5	10	12
Y_0	Y_1	Y_2	Y_3	Y_4	Y_5	Y_6	Y_7	CO

八进制计数器/脉冲分配器

V_{DD}	CR	CP	INH	V_{SS}
16	15	14	13	8

CC4082

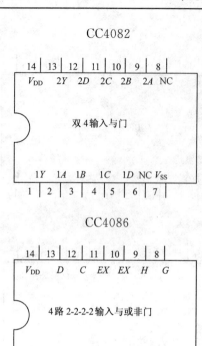

14	13	12	11	10	9	8
V_{DD}	2Y	2D	2C	2B	2A	NC

双 4 输入与门

1Y	1A	1B	1C	1D	NC	V_{SS}
1	2	3	4	5	6	7

CC4085

14	13	12	11	10	9	8
V_{DD}	1D	1C	2INH	1INH	2D	2C

双 2-2 输入与或非门

1A	1B	1Y	2Y	2A	2B	V_{SS}
1	2	3	4	5	6	7

CC4086

14	13	12	11	10	9	8
V_{DD}	D	C	EX	EX	H	G

4路 2-2-2-2 输入与或非门

A	B	Y		E	F	V_{SS}
1	2	3	4	5	6	7

CC4093 施密特触发器

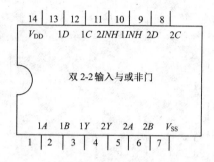

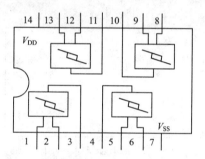

三、CC4500 系列

CC4511

16	15	14	13	12	11	10	9
V_{DD}	f	g	a	b	c	d	e

BCD 码锁存 7 段译码器

B	C	LT	BI	LE	D	A	V_{SS}
1	2	3	4	5	6	7	8

CC141516

16	15	14	13	12	11	10	9
V_{DD}	CP	Q_3	D_3	D_2	Q_2	U/D	R

4位二进制可预
置加减计数器

PE	Q_4	D_4	D_1	C_{in}	Q_1	CO	V_{SS}
1	2	3	4	5	6	7	8

CC4514

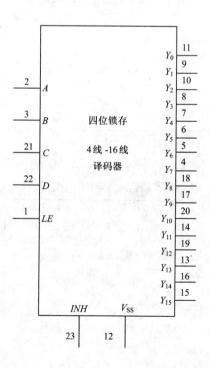

四位锁存

4线-16线
译码器

CC4518

双十进制同步计数器

CC14512

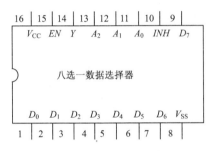

八选一数据选择器

CC3130

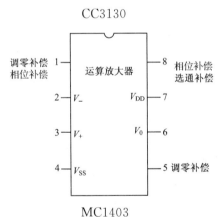

运算放大器

MC1403

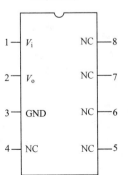

CC4553

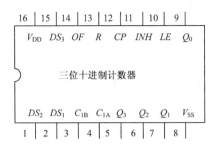

三位十进制计数器

CC14539

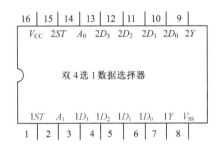

双 4 选 1 数据选择器

MC1413（ULN2003）
七路 NPN 达林顿列阵

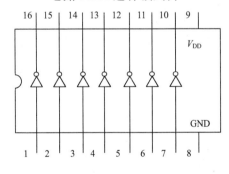

CC4068

8 输入与非 / 与门